Nabil Zerrouki

Cartographie thématique via la classification orientée objet

AF062761

Nabil Zerrouki

Cartographie thématique via la classification orientée objet

Application aux images satellitaires

Presses Académiques Francophones

Impressum / Mentions légales
Bibliografische Information der Deutschen Nationalbibliothek: Die Deutsche Nationalbibliothek verzeichnet diese Publikation in der Deutschen Nationalbibliografie; detaillierte bibliografische Daten sind im Internet über http://dnb.d-nb.de abrufbar.
Alle in diesem Buch genannten Marken und Produktnamen unterliegen warenzeichen-, marken- oder patentrechtlichem Schutz bzw. sind Warenzeichen oder eingetragene Warenzeichen der jeweiligen Inhaber. Die Wiedergabe von Marken, Produktnamen, Gebrauchsnamen, Handelsnamen, Warenbezeichnungen u.s.w. in diesem Werk berechtigt auch ohne besondere Kennzeichnung nicht zu der Annahme, dass solche Namen im Sinne der Warenzeichen- und Markenschutzgesetzgebung als frei zu betrachten wären und daher von jedermann benutzt werden dürften.

Information bibliographique publiée par la Deutsche Nationalbibliothek: La Deutsche Nationalbibliothek inscrit cette publication à la Deutsche Nationalbibliografie; des données bibliographiques détaillées sont disponibles sur internet à l'adresse http://dnb.d-nb.de.
Toutes marques et noms de produits mentionnés dans ce livre demeurent sous la protection des marques, des marques déposées et des brevets, et sont des marques ou des marques déposées de leurs détenteurs respectifs. L'utilisation des marques, noms de produits, noms communs, noms commerciaux, descriptions de produits, etc, même sans qu'ils soient mentionnés de façon particulière dans ce livre ne signifie en aucune façon que ces noms peuvent être utilisés sans restriction à l'égard de la législation pour la protection des marques et des marques déposées et pourraient donc être utilisés par quiconque.

Coverbild / Photo de couverture: www.ingimage.com

Verlag / Editeur:
Presses Académiques Francophones
ist ein Imprint der / est une marque déposée de
OmniScriptum GmbH & Co. KG
Heinrich-Böcking-Str. 6-8, 66121 Saarbrücken, Deutschland / Allemagne
Email: info@presses-academiques.com

Herstellung: siehe letzte Seite /
Impression: voir la dernière page
ISBN: 978-3-8381-4268-5

Copyright / Droit d'auteur © 2014 OmniScriptum GmbH & Co. KG
Alle Rechte vorbehalten. / Tous droits réservés. Saarbrücken 2014

CARTOGRAPHIE THÉMATIQUE VIA LA CLASSIFICATION ORIENTÉE OBJET

Application aux images satellitaires

par
ZERROUKI *Nabil*

Dédicaces

A ma grand-mère,

A ma famille,

A mes amis,

A tous ceux qui, de prés ou de loin, ont contribué à l'élaboration de ce modeste ouvrage.

Remerciements

J'adresse mes vifs remerciements et toute ma gratitude à Mme R. Kheddam, Maître de Conférences à l'USTHB, pour m'avoir encadré et dirigé dans mes travaux.

J'exprime aussi ma gratitude à Mme H. Bouarroudj Enseignante à l'USTHB, à Mme F. Laboudi, Enseignante à l'USTHB, à Monsieur E.W. Bouarroudj, Enseignant à l'USTHB, à Mlle H. Zerrouki Doctorante à l'USTHB, et à tous les membres du Laboratoire de Traitement d'Images de la Faculté de d'Electronique et d'Informatique (FEI) de l'USTHB pour les conseils et l'aide qu'ils m'ont prodigués.

Table des matières

Introduction	1
Chapitre 1 : Classification d'images satellitaires	3
Introduction	3
I.1. Classification d'images	3
I.1.1. Classification non supervisée	3
I.1.2 Classification supervisée	4
I.1.3. Classification ponctuelle	4
I.1.4. Classification contextuelle	4
I.2. Approches de classification	5
I.2.1. Approche statistique	5
I.2.2. Approche géométrique	6
I.2.3. Approche heuristique biomimétique	6
I.2.4. Approche discriminante	7
I.2.5. Approche orientée objets	7
I.3. Critères d'évaluation d'une classification	7
I.3.1. Appréciation visuelle	8
I.3.2. Evaluation statistique - Matrice de confusion	8
I.3.3. Signature spectrale	9
I.3.4. Espace des caractéristiques	10
Conclusion	10
Chapitre 2 : Classification Orientée Objets (COO)	12
Introduction	12
II.1. Etat de l'art	13
II.2. Principe de la COO	14
II.3. Processus de la COO	14
II.3.1. Segmentation	15
II.3.1.1. Méthodes de segmentations	16
a) Segmentation basée sur les pixels	16
b) Segmentation basée sur les régions	18
c) Segmentation basée sur les contours	18
II.3.1.2. Accroissement de région (growing region)	20
II.3.1.3. Partage fusion (split and merge)	21
II.3.1.4. Ligne de partage des eaux (watershed)	23
II.3.2. Caractérisation	25
II.3.2.1 Paramètres spatiaux	26
II.3.2.2. Paramètres de texture	29
II.3.2.3. Paramètres spectraux	31
II.3.2.4. Sélection des paramètres discriminants	31
II.3.3. Classification	32
II.3.3.1. Classification par règles	32

II.3.3.2. Classification par apprentissage …………….. ……………...	32
a) Classification par le minimum de distance ………………..	33
• Distance euclidienne …………………… ……………..	33
• Distance de Mahalanobis ………………………………..	33
b) Classification par le maximum de vraisemblance …………	34
c) Classification basée sur le raisonnement flou …………….	35
Conclusion ………………………………………………………………………..	35

Chapitre 3 : Implémentation du processus de la classification orientée objets …... **36**

Introduction …………………………………………………………….……….	36
III.1. Segmentation ………………………………………………………………….	37
III.1.1. Segmentation par partage fusion …………………………………….	37
III.1.2. Segmentation par accroissement de régions …………………………	38
III.1.3. Codification des objets ……………………………………………..	40
III.2. Caractérisation ……………………………………………………………..	42
III.2.1. Attributs texturaux …………………………………….. …………	42
III.2.2. Attributs spectraux ……………………………………………..	44
III.2.3. Attributs spatiaux ………………………………………………….	44
III.2.4. Table des paramètres ……………………………………………….	46
III.3. Classification ……………………………………………………………….	47
III.3.1. Classification par apprentissage ……………………………………..	47
III.3.1.1. Règle basée sur le minimum de distance euclidienne ………….	48
III.3.1.2. Règle basée sur le maximum de vraisemblance …………………	48
III.3.2. Classification par règles ……………………………………………..	50
Conclusion ………………………………………………………………………..	50

Chapitre IV : Résultats et évaluation ……………………………………….. **51**

Introduction ……………. ……………………………………………………….	51
IV.1. Présentation des données utilisées …………………………………..	51
IV.2. Présentation des résultats ………………………………………………..	53
IV.2.1. Résultats de l'étape segmentation …………………………………..	53
a) Segmentation par Partage Fusion (PF) ……………………………...	53
b) Segmentation par Accroissement de Régions (AR) …………………	55
c) Segmentation multibande …………………………………………….	55
d) Codification des objets de l'image segmentée multibande ……………	56
IV.2.2. Résultats de l'étape caractérisation ……………………………….	57
IV.2.3. Résultats de la phase de classification ………………………………	58
a) Classification par apprentissage ……………………………………...	58
b) Classification par règles ………………………………………………	66
Conclusion ………………………………………………………………………..	50
Conclusion et perspectives …………………………………………………..	**68**
Références bibliographiques ………………………………………………..	**70**

Table des figures

Fig I.1. Approches de clasiification	5
Fig I.2. Signatures spectrales des thèmes naturels	10
Fig I.3. Représentation des thèmes naturels dans l'espace des caractéristiques	10
Fig II.1. Processus de la classification orientée objet	15
Fig II.2. Localisation des seuils pour la segmentation	17
Fig II.3. Deux schémas de regroupement pour des pixels a, b et c	21
Fig.II.4. Partage de l'image	22
Fig.II.5. Problème de découpage arbitraire de régions dans la phase de .split.	23
Fig.II.6. Principe de la segmentation par la ligne de partage des eaux	24
Fig.II.7. Facteur de forme de deux objets différent	28
Fig.II.8. Paramètre d'élongation	29
Fig.III.1. Processus de la classification orientée objet implémenté	36
Fig.III.2.a. Segmentation de trois bandes	40
Fig.III.2.b Segmentation par les opérateurs logiques	40
Fig.III.3. Image des objets codifiés	41
Fig.III.4. Calcul de la surface de l'objet	44
Fig.III.5. Calcul du périmètre de l'objet	45
Fig.III.7. Base des objets d'apprentissage	48
Fig. IV.1. Données de test	52
Fig. IV.2. Données de contrôle	52
Fig. IV.3. Résultats de Partage de régions de la bande 1 l'image ETM	53
Fig. IV.4. Fusion de régions en utilisant une fenêtre de 4X4	54
Fig.IV.5.a. Résultat de la segmentation par le PF de l'image ETM+	54
Fig.IV.5.b. Résultat de la segmentation par le PF de l'image Ikonos	54
Fig.IV.6.a) Résultat de la segmentation par AR de l'image ETM+	55
Fig.IV.6.b) Résultat de la segmentation par AR de l'image Ikonos	55
Fig IV.7.a) Résultat de segmentation par PF en utilisant la moyenne (PF/MOY)	55
Fig.IV.7.b) Résultat de segmentation par AR en utilisant la moyenne (AR/MOY)	55
Fig.IV.8. Résultat de segmentation utilisant les opérateurs logiques	56
Fig. IV.9. Résultat de la codification des objets	57
Fig.IV.10. Exemple sur le calcul des paramètres d'un objet de l'image Ikonos	57

Fig.IV.11. Exemple sur le calcul des paramètres d'un objet de l'image ETM+ 58

Fig. IV.12. Résultat de la COO en utilisant tous les paramètres 59

Fig. IV.13. Résultats de la COO de l'image ETM+ en utilisant la segmentation AR et le MDE 59

Fig. IV.14. Résultats de la COO de l'image ETM+ en utilisant la segmentation AR et le MVS 60

Fig. IV.15. Résultats de la COO de l'image ETM+ en utilisant la segmentation PF et le MDE 60

Fig. IV.16. Résultats de la COO de l'image ETM+ en utilisant la segmentation PF et le MVS 60

Fig. IV.17. Résultats de la classification classique par MVS et MRF 61

Fig. IV.18. Résultats de la COO de l'image Ikonos en utilisant la segmentation PF et le MDE 61

Fig. IV.19. Résultats de la COO de l'image Ikonos en utilisant la segmentation AR et le MDE 61

Fig. IV.20. Résultat de la classification classique par MVS et MRF de l'image Ikonos 62

Fig. IV.21. Résultats de la COO en utilisant les néo-canaux ACP de l'image ETM 63

Fig. IV.21. Résultat de la COO par règles avec PF/MOY 66

Liste des tableaux

Tab. II.1. Comparaison entre l'approche « pixel » et l'approche « objet » 12
Tab. II.2. Différents paramètres de l'objet 26
Tab IV.1. Evaluation quantitative des résultats de l'image Ikons 64
Tab IV.2. Evaluation quantitative des résultats de l'image ETM+ 65
Tab IV.3. Taux d'occupation des classes 66

Introduction générale

Avec l'extension effrayante des phénomènes de déforestation et de l'urbanisation anarchique des espaces verts, l'étude et le suivi de l'occupation des sols deviennent, désormais la préoccupation essentielle des autorités locales. La cartographie de l'état de surface et de son évolution facilite énormément la planification, l'évaluation, la surveillance et la gestion des sols, particulièrement si ces cartes sont intégrées dans un système d'information géographique (SIG) comme une information de base.

Depuis son apparition, la télédétection spatiale est exploitée pour la cartographie des sols. Comparée aux techniques de relevé de type classique (photo-interprétation), la télédétection spatiale (passive ou active) présente des avantages incontestables en termes de coût, de rapidité, de facilité de mise à jour, mais aussi de superficie couverte et de périodicité des acquisitions.

L'utilisation des images satellitaires pour la cartographie thématique s'effectue principalement à travers un processus de classification dont le but est de regrouper dans une même entité ou classe, tous les pixels similaires sur la base d'une ressemblance de propriétés (attributs). Il existe plusieurs méthodes et approches de classification d'images. Cependant, la plupart de ces méthodes dites « par pixel » (ou pixellique) se heurtent à certaines difficultés inhérentes au contenu des images satellitaires en général, et des images à très haute résolution spatiale en particulier (hétérogénéité spatiale et spectrale des classes). En effet, ces méthodes s'avèrent limitées pour prendre en compte l'hétérogénéité spectrale des objets appartenant à la même classe d'occupation du sol. De plus, la mise en place de classes relativement générales, afin de minimiser la confusion, peut ne pas répondre aux besoins réels des utilisateurs. Le nouveau concept de la classification orientée objets (COO) peut apporter des améliorations conséquentes, dans la mesure où ne tient pas seulement compte des propriétés spectrales des objets, mais aussi de leurs organisations, de leurs relations spatiales, et de leur contexte géographique afin de réduire la probabilité de confusion entre les classes.

Dans le travail de recherche qui fait l'objet de ce mémoire de Magistère, nous nous intéressons à la classification orientée objets (COO). De manière plus précise, la COO se déroule en trois étapes principales : 1) segmentation, 2) extraction des primitives, et 3) classification.

La segmentation consiste à diviser l'image, selon certains critères, en régions homogènes, de manière à faire ressortir les objets réels du terrain. L'avantage de travailler avec des objets plutôt que des pixels, est qu'en plus de caractéristiques spectrales, un objet possède des caractéristiques géométriques, topologique et sémantiques. Nous avons implémenté deux méthodes de segmentation mono-bande : la méthode « partage et fusion » et la méthode « accroissement de régions ». Pour avoir le résultat de la segmentation multibande, nous avons procédé de deux manières : d'abord en utilisant l'opérateur « moyenne » et ensuite les opérateurs logiques. L'étape d'extraction des paramètres (ou des primitives) consiste à caractériser les objets (définis par la segmentation) par différents types d'attributs, ce qui permettra d'identifier les règles de reconnaissances des objets. Plusieurs attributs peuvent être calculés : les attributs spatiaux, spectraux et texturaux. Finalement, durant la phase de classification, les objets ayant la même structure d'attributs seront regroupés dans une seule classe, donc chaque classe sera caractérisée par des attributs bien spécifiques. On distingue deux procédés de COO : 1) classification par règles (non supervisée) et 2) classification par apprentissage (supervisée). Le processus de COO que nous avons mis en œuvre a été appliqué sur deux images satellitaires couvrant le milieu urbain et péri urbain de la ville d'Alger. La première image est basse résolution (30 m) acquise en 2001 par le capteur ETM+ du satellite Landsat-7. Quant à la deuxième image, elle est THR (60 cm) acquise en 2010 par le satellite IKONOS. Le processus d'évaluation qualitative et quantitative que nous avons mené, nous a permis de mettre en évidence les avantages et inconvénients de la COO par rapport à une méthode de classification contextuelle classique ; c'est la méthode basée sur la modélisation par les champs aléatoires de Markov (MRF).

Notre mémoire est structuré en quatre chapitres. Le premier chapitre aborde le problème de la classification d'images satellitaires et les approches de classification actuelles. Le deuxième chapitre est dédié à la COO et ses différentes étapes. L'implémentation du processus de la COO est exposée dans le troisième chapitre. Quant à la phase expérimentale avec l'ensemble des résultats obtenus et leur évaluation, ils feront l'objet du quatrième et dernier chapitre. Enfin, nous terminons par une conclusion et les perspectives éventuelles à ce travail.

Chapitre 1

Classification d'images satellitaires

Introduction

Au cours des dernières décennies, l'accélération des progrès technologiques, notamment dans le domaine spatial, a contribué à l'introduction de la télédétection dans de nombreux secteurs (tels que la géologie, l'hydrologie, et la cartographie, etc.), comme un outil efficace et performant d'aide à la prise de décisions.

Afin d'exploiter les images satellitaires, différents types d'analyses et traitements numériques sont utilisés. Parmi ces traitements figure la classification d'images.

I.1. Classification d'images

Classifier ou procéder à une classification est bien une des activités les plus naturelles qui soit. Il s'agit en effet de « mettre ensemble » des objets dont on estime qu'ils possèdent une certaine ressemblance. Un analyste qui tente de classer les caractéristiques d'une image, utilise les éléments de l'interprétation visuelle pour identifier des groupes homogènes de pixels qui représentent des classes intéressantes de la surface observée. La classification numérique des images utilise l'information spectrale contenue dans les bandes spectrales pour classifier chaque pixel individuellement. Les deux façons de procéder (manuelle ou automatique) ont pour but d'assigner une classe particulière ou thème (par exemple : eau, végétation, urbain, etc.) à chacun des pixels d'une image. La "nouvelle" image qui représente la classification est composée d'une mosaïque de pixels qui appartiennent chacun à un thème particulier. Cette image est essentiellement une représentation thématique de l'image originale. Les méthodes de classification les plus communes peuvent être séparées en deux grandes catégories : les approches de **classification supervisée** et les approches de **classification non supervisée**.

I.1.1. Classification non supervisée

Dans les méthodes non supervisées, on ne dispose pas de l'ensemble des échantillons d'apprentissage. Le nombre de classes et les règles d'affectation à ces classes doivent être établis seulement à partir d'observations, sans faire référence à une base d'entraînement. Le groupement des individus est réalisé sur la base de similarités et il est généralement conditionné par le choix du nombre de classes. L'utilisateur n'intervient qu'une fois la classification est effectuée pour interpréter le contenu des classes, sans faire appel à d'autres hypothèses sur les images ou sur les classes. Notons que les techniques de ce type sont couramment utilisées dans un but exploratoire. On retrouve plusieurs méthodes de classification non supervisée qui découlent de l'algorithme de base Isodata (Duda, 1973). Parmi celles-ci, on cite une méthode très connue et couramment utilisée qui est la méthode des K-means.

I.1.2 Classification supervisée

Lors de l'utilisation d'une méthode de classification supervisée, l'analyste identifie des échantillons assez homogènes de l'image qui sont représentatifs de différents types de classes d'information. Ces échantillons forment un ensemble de données d'apprentissage. La sélection de ces données est basée sur les connaissances a priori de l'analyste sur la région. Les échantillons de chaque classe sont utilisés pour entraîner le système à définir les classes et ensuite reconnaître des régions aux propriétés similaires à chaque classe.

Les méthodes de classification d'images satellitaires suivant l'approche supervisée ou non supervisée peuvent être regroupées en deux types de classification : la classification ponctuelle et la classification contextuelle [Khed, 2008].

I.1.3. Classification ponctuelle

Les méthodes de classification d'images satellitaires sont dites ponctuelles lorsque le seul attribut utilisé pour la classification du pixel x est sa valeur radiométrique uniquement. Or, en télédétection un pixel n'est parfaitement défini qu'une fois replacé dans son contexte. Autrement dit, la caractérisation du pixel par sa valeur radiométrique seulement, n'est pas suffisante et la classification qui en résulte n'est pas précise. La prise en compte du contexte devrait donner une meilleure partition.

I.1.4. Classification contextuelle

On définit trois types de contexte : le contexte spectral relatif aux réponses de l'objet dans les différentes longueurs d'onde du spectre électromagnétique, le contexte spatial relatif au voisinage spatial du pixel considéré et le contexte temporel relatif à la réponse temporelle de l'objet. La modélisation du contexte et son intégration dans un processus de classification a été largement discuté dans la littérature. Parmi les outils proposés, on cite notamment la texture, les coefficients d'ondelettes et les champs aléatoires de Markov. Le résultat de ce type de classification est optimal, car dans une image satellitaire, deux pixels voisins sont fortement corrélés. Par exemple, sur une scène à couvert végétal, si un pixel appartient à la classe champ de blé, il est très possible que ses voisins appartiennent également à la classe champ de blé. De ce fait, un voisinage de points a plus de chance d'appartenir à la même classe pour former ainsi une région homogène. Actuellement, l'approche de classification contextuelle la plus utilisée est supervisée et est basée sur le modèle des champs aléatoires de Markov (Markov Random Field MRF) associé à un algorithme d'optimisation de type « recuit simulé » ou « ICM » (Iterated Conditional Mods).

Il est commun de distinguer plusieurs méthodes de classification supervisée ou non supervisée, ponctuelle ou contextuelle, mais il est difficile de proposer un classement général de ces méthodes, et une même méthode peut être présentée sous divers points de vue [Khed, 2008]. Cinq approches se dégagent (voir figure I.1).

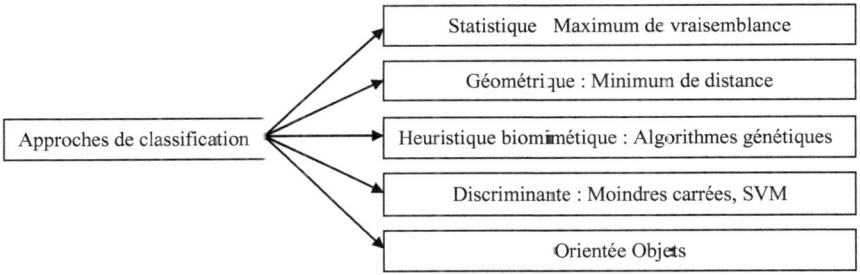

Fig I.1. Approches de clasiification

I.2. Approches de classification

I.2.1. Approche statistique

Cette approche, classique et largement utilisée, est fondée principalement sur la théorie des probabilités. Elle est privilégiée dès lors que les distributions des vecteurs d'observations, supposées être les réalisations de vecteurs aléatoires, sont connues ou estimables, ainsi que les probabilités a priori des classes. La méthode des histogrammes, la méthode de décision des k plus proches voisins (KPPV), et la méthode du maximum de vraisemblance basée sur la règle de Bayes et à partir de laquelle découle aussi le nouveau concept des « réseaux bayesiens » appartiennent à ce type d'approches. Cependant, ces dernières années, et parce que la théorie des probabilités présente certaines limites liées à son concept qui ne peut modéliser que l'incertitude des données et ignore leur imprécision, des méthodes de classification statistiques non probabilistes ont été proposées. Nous citons notamment, les méthodes basées sur la théorie de la logique floue, la théorie de l'évidence de Dempster Shafer, la théorie des possibilités, etc. [Boua, 2005].

I.2.2. Approche géométrique

Dans l'approche géométrique, les pixels de l'image sont vus comme un nuage de points dans l'espace de mesure. Un indice de similarité, généralement défini par une distance métrique, est alors calculé entre un pixel quelconque et une classe a priori, et il sera affecté à la classe qui lui est la plus proche d'après cet indice. La méthode de classification par le minimum de distance euclidienne ou de la distance de Mahalanobis appartient à ce type d'approches. Il est vrai que cette méthode est moins sensible à la précision des données d'apprentissage, mais, la non prise en compte de l'information de corrélation entre les différentes classes diminue considérablement la discrimination entre elles. Pour pallier à ce problème et celui des méthodes statistiques, plusieurs chercheurs ont proposé des solutions en développant de nouvelles techniques de visualisation, d'analyse et de classification d'images, basées le principe géométrique décrit ci-dessus. Parmi celles-ci, nous citons la méthode de la nPDF (pour n-Probability Density Function) [Belh, 1998]. Cependant, cette approche a démontré ses limites face aux images multispectrales à grande dimension.

I.2.3. Approche heuristique biomimétique

Cette approche s'inspirant, en général des mécanismes biologiques des êtres vivants, est apparue comme une alternative aux approches classiques. Les réseaux de neurones, les algorithmes évolutionnaires et le réseau immunitaire appartiennent à ce type d'approches et sont des méthodes généralement optimisées par un apprentissage de type statistique, si bien qu'elles sont placées d'une part dans la famille de l'approche statistique, qu'elles enrichissent avec un ensemble de paradigmes permettant de générer de vastes espaces fonctionnels souples et partiellement structurés, et d'autre part dans la famille de l'approche biomimétique ou de l'intelligence artificielle qu'elles enrichissent en permettant de prendre des décisions s'appuyant sur la perception biologique traduite par raisonnement logique formel. Les réseaux de neurones sont de loin la méthode biomimétique qui a suscité le plus d'intérêt dans plusieurs domines d'applications, en particulier en traitement de la parole et des images [Jour, 2001].

I.2.4. Approche discriminante

Les méthodes discriminantes, qui peuvent aussi bien être classées dans la famille des approches statistiques que dans la famille des approches géométriques, prennent en compte la forme de la surface de séparation entre les classes, elles estiment les paramètres de cette surface et optimisent la décision. Géométriquement, cela revient à dire, que l'espace de représentation des données sera partagé en deux (dans le cas de deux classes) par une surface linéaire correspondant à un hyperplan, et que l'un des demi-espaces correspondra à une classes étiquetée +1, l'autre correspondra à l'autre classe étiquetée -1.

On trouve deux types de classifieurs discriminants : les classifieurs linéaires et les classifieurs non linéaires. Le problème de la non linéarité est souvent ramené à un problème linéaire par projection des données d'entrée dans un espace où la surface de séparation est considérée linéaire. La méthode des moindres carrées, la procédure de Ho et Kashyap, l'algorithme du perceptron, et l'analyse discriminante linéaire de Fisher figurent parmi les premières méthodes basées sur ce principe [Corn, 2003], la méthode des SVMs (Support Vector Machines) est la dernière à avoir été proposée [Vapn, 1995].

I.2.5. Approche orientée objets

De manière générale, le terme «orienté objets», signifie qu'une entité est organisée comme une collection d'objets dissociés comprenant à la fois une structure de données et un comportement communs, à la différence d'une organisation conventionnelle dans laquelle les structures de données et le comportement ne sont que faiblement associés [Navu, 2007]. Ainsi, la Classification Orientée Objets (COO) d'une image ne traite plus le pixel de manière isolée mais des groupes de pixels (objets) dans leur contexte à différentes échelles de perceptions du paysage [Wang, 2003]. Dès lors, les capacités d'extraction de l'information sont considérablement multipliées. L'interprète peut se baser non seulement sur les valeurs spectrales mais aussi sur des paramètres morphologiques (taille, forme, voisinage des objets), ce qui améliore considérablement la qualité de l'information extraite des images à très haute résolution spatiale [Thom, 2005 ; Shat, 2008]. Notons que la COO peut s'opérer selon un mode supervisé ou non supervisé.

I.3. Critères d'évaluation d'une classification

L'évaluation du résultat d'une méthode de classification est une étape cruciale dans le traitement d'images satellitaires. Elle consiste à discuter la qualité de ce résultat qui se rapporte au taux des pixels bien classés, et aux caractéristiques des différentes classes obtenues. Généralement, on évalue la qualité d'une classification d'abord, par une appréciation visuelle qualitative suivie d'une évaluation quantitative basée sur l'estimation d'une matrice de confusion.

I.3.1. Appréciation visuelle

Une appréciation visuelle critique permet un premier jugement sur la qualité d'une image classifiée par rapport à la réalité du terrain et par rapport aux résultats obtenus par d'autres méthodes de classification. Cependant, cette appréciation est subjective et d'autant plus compliqué à réaliser que le nombre de thèmes présents dans l'image classifiée est élevé. En outre, cette appréciation diffère d'une personne à une autre. De ce fait, nous avons besoin de méthodes plus rigoureuses pour pouvoir déceler les erreurs et quantifier par la même occasion la précision d'une méthode de classification.

I.3.2. Evaluation statistique - Matrice de confusion

Si l'on dispose d'une réalité de terrain sur l'ensemble de la scène ou sur un ensemble de parcelles uniquement, la matrice de confusion constituera un bon critère d'évaluation de la qualité d'une classification. C'est une matrice carrée établie entre l'image classifiée et la vérité de terrain (base de contrôle). Elle est de taille égale au nombre de classes et ses éléments représentent le nombre de pixels affectés à chaque classe relativement à leur appartenance aux classes de la vérité de terrain. On choisit arbitrairement de disposer en colonnes de la matrice les données de référence et en lignes le résultat de la classification. A partir de cette matrice, différents indicateurs de précision (locaux et globaux) peuvent être déterminés, mais les plus importants sont : le taux moyen de bonne classification et le paramètre Khat (ou Kappa). Le taux moyen de bonne classification OA (Overall Accuracy) représente le rapport entre le nombre total des pixels correctement classés (positionnés sur la diagonale de la matrice de confusion) et le nombre total des pixels de la matrice de confusion. C'est une mesure globale qui ne s'affranchit pas des différences de représentativité des classes dans les données de référence. Une classe influencera ce taux d'autant plus que sa représentativité dans les données de référence est importante. Pour pallier cette lacune, le paramètre Khat (ou Kappa) a été proposé [Cong, 1983], [Cong, 1991] et est donné par la formule suivante :

$$\hat{K} = \frac{N\sum_{i=1}^{M} X_{ii} - \sum_{i=1}^{M}(X_{i+} \times X_{j+})}{N^2 - \sum_{i=1}^{M}(X_{i+} \times X_{j+})}$$

Avec N est le nombre total des pixels de la matrice de confusion, M est le nombre de classes considérées, X_{ii} est un élément de la diagonale de la matrice, X_{i+} est la somme totale des éléments en lignes de la matrice et X_{j+} est la somme totale des éléments en colonnes de la matrice. Le paramètre Khat peut être aussi calculé localement au niveau de chaque classe. Il est donné par l'expression suivante [Shab, 2001] :

$$\hat{K}_i = \frac{NX_{ii} - (X_{i+} \times X_{j+})}{NX_{i+} - (X_{i+} \times X_{j+})}$$

Dans notre étude, nous avons retenu le paramètre Khat global comme critère d'évaluation des résultats obtenus.

I.3.3. Signature spectrale

Le recours à la signature spectrale des objets peut s'avérer d'une grande utilité pour vérifier la nature des thèmes et décider donc de la qualité de la classification obtenue.

En effet, tout milieu naturel exposé au rayonnement solaire (dont le spectre est assez large) réfléchit celui-ci de façon différenciée, selon la longueur d'onde. L'analyse fine de la réfléctance spectrale du milieu permet d'accéder à une représentation graphique caractéristique nommée « signature spectrale ». Les signatures spectrales de l'eau, du sol nu et de la végétation, sont les signatures caractéristiques les plus connues des thèmes naturels. Comme illustré par la figure I.1, la végétation a un pic de réflectance aux alentours de 0.55 µm (le vert), une absorption nette vers 0.68 µm (le rouge), puis une réflectance extrêmement élevée dans le proche-infrarouge (0.75 µm). La différence de réflectance dans ces longueurs d'ondes est importante pour les zones de végétation, mais quasiment nulle pour les terrains nus. L'eau, par contre, ne réfléchit que dans la gamme du visible et elle ne réfléchit quasiment pas dans la plage du proche infrarouge. L'eau est donc, très différente des autres surfaces.

Rappelons, toutes fois que les signatures spectrales sont traitées en tant que valeurs numériques par les capteurs embarqués à bord du satellite. Un exemple hypothétique de la manière dont les capteurs satellitaires (ETM+ de Landsat) pourraient enregistrer l'eau, la verdure et les terrains nus est donné par la figure I.2

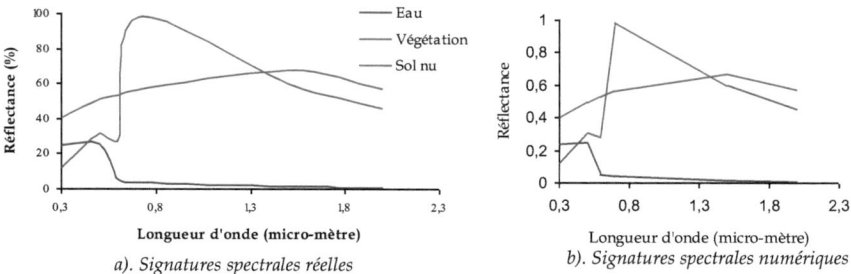

a). Signatures spectrales réelles   *b). Signatures spectrales numériques*

Fig I.2. Signatures spectrales des thèmes naturels

Ainsi, en utilisant la méthode des signatures spectrales, Il est possible de distinguer les zones de végétation du terrain nu et de l'eau.

I.3.4. Espace des caractéristiques

La classification se résume à une division de l'espace de caractéristiques en partitions disjointes. Cette division s'effectue grâce aux fonctions discriminantes des méthodes de classification. Par conséquent, et comme illustré par la figure I.2, il est possible d'évaluer la séparabilité des classes par la projection des éléments de ces classes sur l'espace des caractéristiques. Une répartition qui ne fait pas apparaître une parfaite séparation traduit une confusion entre les classes due à des erreurs de classification.

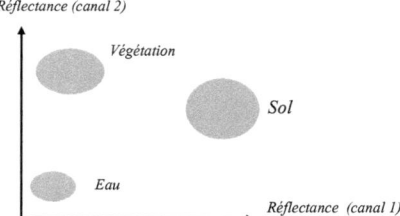

Fig I.3. Représentation des thèmes naturels dans l'espace des caractéristiques

Dans ce travail de recherche, nous nous intéressons en particulier à l'étude et la mise en œuvre de la nouvelle technique de classification contextuelle basée sur le concept « orienté objets ». Cette technique sera comparée à une méthode de classification contextuelle classique et très largement utilisée. Il s'agit de la méthode basée sur la modélisation par les champs aléatoires de Markov MRF (Markov Random Field) [Khed, 2008].

Conclusion

Dans ce chapitre, nous avons présenté le principe général de la classification d'images satellitaires multispectrale en s'attardant sur les différentes approches de classification. Les critères d'évaluation (qualitatif et quantitatif) de ces approches sont également exposés.

Le chapitre suivant traite de la classification orientée objets qui fait l'objet de notre mémoire.

Chapitre 2
Classification Orientée Objets (COO)

Introduction

La multiplication des capteurs à très hautes résolution (spatiale ou spectrale) est une véritable opportunité pour l'identification des objets urbains. Toutefois, l'hétérogénéité de ces données satellitaires, de résolution métrique (surfaces hétérogènes, ombres, etc.) perturbe les méthodes de classification classique [Shat, 2008], dite spectrale, adaptées à l'analyse d'image de résolution décamétrique. La tendance actuelle est au développement de méthodes orientées objets ou chaque objet représente un ensemble de pixels homogènes et est construit sur les caractéristiques élémentaires (spectrale, géométrique) et les relations spatiales entre les objets. [Puis, 2006].

L'avantage de travailler avec des objets plutôt que des pixels, est qu'en plus des caractéristiques spectrales, un objet possède des caractéristiques géométriques (longueur, périmètre,…), topologique (position dans l'image et par rapport aux autres objets) et sémantiques (lier à sa signification) [Kars, 2007]. Le tableau suivant, présente une comparaison entre l'approche « pixel » et l'approche « objet ».

Approche « pixel »	Approche « objet »
• La structure élémentaire : le pixel	• La structure élémentaire : l'objet
• Un pixel est caractérisé par sa signature spectrale.	• Un objet est caractérisé par des pixels spatialement contigus. Il peut être défini par un attribut ou une combinaison d'attributs
• Peu adaptée aux images à très haute résolution	• Adapté aux images à très haute résolution
• Le résultat est peu adapté aux SIG	• Les résultats sont accueillis dans le monde des SIG

Tab. II.1. Comparaison entre l'approche « pixel » et l'approche « objet »

II.1. Etat de l'art

Pendant ces dernières années, plusieurs recherches ont été conduites en utilisant la classification orientée objet des images numériques. Nous citons, en particulier Lobo (1996) [Lobo, 1996] qui a adopté la méthode de classification par parcelle ou par région et il a obtenu de meilleur résultat par rapport à la classification traditionnelle, surtout avec les images à haute résolution, et dans [Baat, 1999], on s'est basé sur l'analyse d'image orientée objet à plusieurs échelles (multiéchelle). Par la suite, [Blas, 2001] a utilisé des algorithmes de segmentation pour la détection d'objets, basés sur des caractéristiques de textures, de formes, et de tailles d'objets. Il a suggéré que pour comprendre les informations sémantiques importantes, il faut comprendre les objets dans l'image et les relations entre ces objets, et non pas prendre les pixels séparément, particulièrement pour des caractéristiques de texture [Navu, 2007 ; Shat, 2008].

D'autre part, certaines recherches ont été menées en utilisant le raisonnement flou dans la COO. Ces recherche [Wong, 2003] ont été appliquées sur des images satellitaires à résolution moyenne pour la cartographie du couvert végétal, et sur des images à haute résolution (IKONOS, Eros A) pour mettre en évidence les changements de l'état de surface en général [Desc, 2006 ; McDe., 2003] et la croissance urbaine, en particulier [Ague. 2006; Puis, 2004].

D'autre recherches ont appliqué la COO pour la détection et la caractérisation des structures urbaines [Iova, 2004], la cartographie des zones urbaine [Timo, 2006], et la surveillance des zones côtières en utilisant des images à très hautes résolution (Quickbird 60cm/pixel, images aériennes 20cm/pixel).

Cependant, si l'ensemble de ces travaux s'étalent sur les avantages de la COO par rapport aux méthodes pixelliques, ils ne donnent aucun détail quant à la démarche d'implémentation du processus de la COO. En effet, durant la phase expérimentale, la plus part de ces travaux utilisent des logiciels de traitement d'images commerciaux, tels que ecognition [Defi, 2001] et ENVI zoom [Itt, 2007], pour générer leurs résultats de classification.

II.2. Principe de la COO

La COO permet de déduire des propriétés relevant de la dimension spatiale des objets géographiques, telles que les relations de voisinage et la géométrie des objets, accroissant ainsi les capacités d'extraction du contenu sémantique des images [Calo, 2001]. Les techniques utilisées pour la COO reposent sur la segmentation des images en régions ou entités homogènes selon certains critères d'homogénéité [Zerr, 2010], fondés sur des attributs tels que la forme, la texture, la radiométrie [Corb, 2004] déterminés par l'analyste pour adapter au mieux les objets à la réalité thématique. Les règles de décisions utilisées pour une telle opération incluent, non seulement, les paramètres spectraux mais aussi spatiaux et texturaux. La primitive sémantique n'est donc plus représentée par un unique pixel mais par un ensemble de pixels adjacents et homogènes qui définissent un objet ou une entité géographique. Ce mode de fonctionnement est donc, beaucoup plus proche de l'interprétation humaine du terrain que nous percevons comme une mosaïque complexe d'objets géographiques homogènes [Baat, 2004]. De plus, une telle procédure permet une segmentation hiérarchique de l'image comportant plusieurs niveaux d'échelle. Il est alors possible de représenter simultanément l'information contenue dans l'image en plusieurs couches constituées d'objets et correspondant chacune à une échelle donnée. C'est le concept de la segmentation multirésolution [Kars, 2007], particulièrement intéressant lorsque l'on classe des images comportant des objets géographiques de taille très hétérogène comme le réseau routier et le couvert forestier, par exemple.

II.3. Processus de la COO

La COO se déroule en trois étapes essentielles (voir figure II.1) :

1. L'étape de segmentation qui consiste à subdiviser l'image en régions homogènes.
2. L'étape de caractérisation qui consiste à identifier des règles de reconnaissance des objets par la recherche de leurs propriétés spectrales (moyenne, écart-type, calcul d'indices), spatiales (Dimensions, forme) et contextuelles (relations spatiales entre les régions);
3. Etape de classification qui utilise les règles de reconnaissance des objets pour leur attribuer une probabilité ou un degré d'appartenance à une classe donnée.

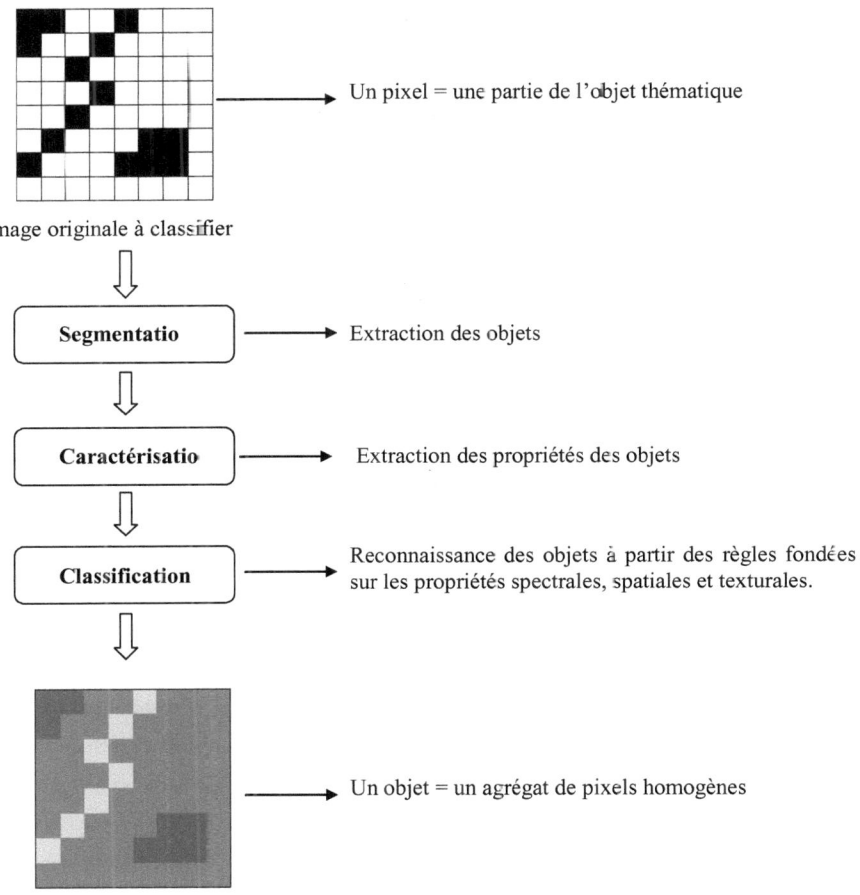

Fig II.1. Processus de la classification orientée objet

II.3.1. Segmentation

La segmentation joue un rôle prépondérant dans le traitement d'images. Elle est réalisée avant les étapes d'analyse et de prise de décision dans plusieurs processus d'analyse d'images, tel que la détection des objets et la reconnaissance de formes. Elle aide à localiser et à délimiter les entités présentes dans l'image [Pal, 1993].

La segmentation de l'image consiste à diviser l'image en régions homogènes suivant un critère de similarité qui permet de contrôler l'aspect final de cette segmentation, de manière à faire ressortir les objets réels du terrain. Les objets segmentés ont les propriétés suivantes :
- la réunion de tous les objets donne l'image entière.
- tous les pixels d'une même région sont homogènes.
- les pixels de deux régions adjacentes ne sont pas homogènes.

II.3.1.1. Méthodes de segmentations

On regroupe généralement les algorithmes de segmentation en trois grandes classes [Bail, 2003] :
1. Segmentation basée sur les pixels
2. Segmentation basée sur les régions
3. Segmentation basée sur les contours

d) Segmentation basée sur les pixels

La première catégorie travaille sur les histogrammes de l'image (voir figure II.2). Par seuillage, l'algorithme construit des classes de couleurs (niveaux de gris) qui sont ensuite projetées sur l'image. La segmentation est implicite puisqu'on suppose que chaque cluster (pic) de l'histogramme correspond à une région dans l'image. En pratique, ce n'est pas forcément le cas et il faut séparer les régions de l'image qui sont disjointes bien qu'appartenant au même cluster (pic) de couleur. Ces algorithmes sont assez proches des algorithmes de réduction de couleur. Cette technique de seuillage pose beaucoup de problèmes (liés à la forme de l'histogramme). Le premier, est de définir le seuil. Certaines techniques utilisent l'histogramme des niveaux de gris pour choisir le seuil à appliquer, c'est-à-dire les seuils sont définis à partir d'une recherche des minimums locaux de l'histogramme de l'image. Il s'agit de trouver tous les points où la dérivée de l'histogramme est nulle (ce qui indique un minimum ou un maximum). Plus intuitivement, il suffit de calculer la différence Δ entre deux valeurs voisines de l'histogramme, puis repérer les endroits où cette différence change de signe (passe d'une valeur négative à positive ou l'inverse).

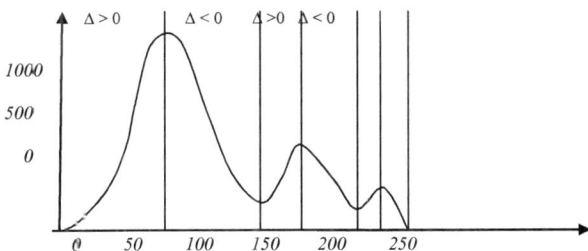

Fig II.2. Localisation des seuils pour la segmentation

D'autres techniques utilisent des fenêtres d'étude centrées sur le pixel a étudier. Cette fenêtre peut avoir différentes tailles (3*3, 5*5, 7*7, ...). Le premier qui a proposé une technique de calcul de seuil est Bernsen en 1986 [Bern, 1986]. Mathématiquement, le calcul du seuil peut s'écrire ainsi :

$$s(i,j) = \frac{Max(i,j) + Min(i,j)}{2}$$

Avec :

S (i, j) : seuil à appliquer pour le pixel i, j ;
Max (i, j) : valeur du niveau de gris maximal dans une fenêtre centrée en (i, j) de taille N×N ;
Min (i, j) : valeur du niveau de gris minimal dans une fenêtre centrée en (i, j) de taille N×N.

Cependant, ce seuil est très sensible au bruit du fond. À cause de la prise en compte du maximum et du minimum uniquement, dans le cas où la fenêtre est uniquement sur du fond, le bruit sera interprété comme objet, car le seuil sera bas. La même année, Niblack [Nibl, 1986] proposa une méthode similaire sur le principe, mais prenant en compte d'autres paramètres. Dans sa méthode, le seuil est calculé ainsi :

$$S(i,j) = \mu(i,j) + k \times \sigma(i,j)$$

Avec :

S (i, j) : seuil à appliquer pour le pixel i, j ;
σ *(i, j)* : valeur de l'écart type dans une fenêtre centrée en i, j de taille N×N ;
μ *(i, j)* : valeur moyenne des niveaux de gris dans la même fenêtre ;
k : constante fixée le plus généralement à 0.2.

Sauvola, en 2000 [Timo, 2006], proposa une amélioration de la méthode de Niblack afin de réduire encore sa sensibilité au bruit. Le seuil est alors calculé ainsi :

$$S(i,j) = (\mu(i,j) + k \times (\frac{\sigma(i,j)}{R} - 1)$$

Avec R étant une constante permettant d'ajuster la dynamique de l'écart type.

e) Segmentation basée sur les régions

Dans cette deuxième catégorie, on distingue deux chemins de segmentation : segmentation ascendante ou descendante.

La segmentation ascendante est caractérisée par le fait que l'analyse part de composantes de bas niveau (comme les pixels) pour essayer de les fusionner. Il existe de nombreuses variantes, certaines se focalisent sur la caractérisation des composantes de bas niveaux, tandis que d'autres cherchent à bien modéliser les règles de fusion des régions. La grande majorité des techniques utilisent la notion de composantes connexes. Ce sont des composantes de bas niveau ayant les mêmes propriétés, par exemple le même niveau de gris et qui sont liés spatialement. Il existe plusieurs définitions de cette notion de « relation spatiale » comme la 4-connexité ou la 8-connexité. Parmi les méthodes de segmentation ascendante, il y'a la segmentation par accroissement de région. On part d'un ensemble de petites régions uniformes dans l'image (de la taille d'un ou de quelques pixels) et on regroupe les régions adjacentes de même couleur jusqu'à ce qu'aucun regroupement ne soit plus possible.

La segmentation descendante est caractérisée par le fait que l'analyse part de l'image entière, ensuite on passe au découpage. Le découpage de régions est la méthode la plus utilisée parmi les méthodes de segmentation descendante : on part de l'image entière que l'on va subdiviser récursivement en plus petites régions tant que ces régions ne seront pas homogènes. Les algorithmes dits 'split and merge' ou « partage et fusion » sont un mélange de ces deux approches (découpage et fusion)

f) Segmentation basée sur les contours

La troisième catégorie s'intéresse aux contours des objets dans l'image. La détection des contours dans une image numérique est un des problèmes les plus étudiés depuis l'origine des travaux sur l'imagerie numérique. Les contours sont les lieux de variations significatives de l'information. Une variation existera si le module du gradient est localement maximum ou si la dérivée seconde présente un passage par zéro. Pour extraire les contours dans l'image, il existe de nombreuses méthodes qui recherchent le meilleur compromis entre la sensibilité au bruit et la bonne localisation des contours. La plupart de ces algorithmes sont locaux, c'est-à-dire, fonctionnent au niveau du pixel.

Les premières méthodes pour détecter les contours de l'image utilisent des masques de convolution pour approximer la première dérivée de la fonction de niveau de gris de l'image. Roberts utilise des masques de 2x2 pixels pour trouver les dérivées orthogonales [Novo, 2007]. Les masques de Prewitt (1970) et Sobel (1978) de 3x3 pixels utilisent aussi le module du gradient [Novo, 2007]. Le détecteur de contour de Canny (1986) est le plus utilisé. Il est basé sur trois critères : la détection (robustesse au bruit), la localisation (précision de la localisation du point contour), l'unicité (une seule réponse par contour) [Cuma.1991]. A chaque critère est associée une formule mathématique. La solution de l'équation différentielle conduite par la maximisation de ces trois critères est un filtre qui peut être approximé par la dérivée du filtre gaussien. Deriche (1987) a proposé un autre filtre qui permet une simplification de son implémentation. Aussi, il est possible d'utiliser la morphologie mathématique pour extraire les structures de l'image.

Le résultat de la segmentation par contours est en général, difficile à exploiter sauf pour des images très contrastées. Les contours extraits sont la plupart du temps morcelés et peu précis et il faut utiliser des techniques de reconstruction de contours par interpolation ou connaître a priori la forme de l'objet recherché. Formellement, ce type d'algorithmes est proche des techniques d'accroissement de région fonctionnant au niveau du pixel. Ces techniques purement locales sont en général trop limitées pour traiter des images bruitées et complexes.

Dans notre travail, nous nous intéressons à trois méthodes de segmentation par régions :
1. Accroissement de région fonctionnant au niveau du pixel (growing region).
2. partage fusion (split and merge)
3. Ligne de partage des eaux (watershed)

II.3.1.2. Accroissement de région (growing region)

Les méthodes d'accroissement de région sont les méthodes de segmentation les plus simples. L'algorithme part de petits éléments de l'image qu'il va tenter de regrouper en éléments plus importants. Nous présentons ici la version de base de l'algorithme d'accroissement de région qui fonctionne en agrégeant des pixels homogènes.

- **Principe de fonctionnement**

Initialement, on suppose que le premier pixel de l'image appartient au premier objet de l'image, puis on va étendre cet objet en incluant les pixels situés sur la frontière et dont la valeur radiométrique est proche de celle du premier pixel, la variation de la valeur radiométrique doit être inférieure à un seuil ξ. Si le deuxième pixel vérifie la condition du seuil, alors l'ensemble (premier et deuxième pixel) prend la valeur moyenne des valeurs radiométriques. En répétant cette procédure jusqu'à ce qu'il n'y ai plus de pixels de couleur assez proche sur la frontière, on obtient une région de couleur homogène maximale autour du pixel de départ. En absorbant des pixels de la frontière, jusqu'à stabilité par rapport à la propriété d'homogénéité.

Cette méthode présente deux limitations sévères qui n'en font pas une méthode très efficace :

1. Les régions obtenues dépendent fortement des pixels d'amorçage choisis et de l'ordre dans lequel les pixels de voisinage sont examinés.

2. Le résultat final est très sensible à la valeur du seuil.

Pour illustrer le premier problème (voir figure II.3), considérons trois pixels adjacents a, b et c dont les intensités respectives sont 8, 10 et 11 (par exemple, l'intensité en niveaux de gris). Le seuil est fixé à 2. La région initiale est constituée du pixel b. Deux schémas de regroupement pour les points frontière a et c sont possibles.

Le pixel central b est l'amorce. Compte tenu du seuil $\xi = 2$, a et c sur le voisinage devraient être ajoutés à l'amorce b. Si l'on commence par tenter d'agréger a, le résultat du regroupement, noté [ab], a pour intensité moyenne 9 et c s'y ajoute ensuite puisque $11 - 9 \leq \xi$ (seuil respecté). On a donc regroupé a, b et c. Si maintenant l'algorithme commence par examiner le pixel frontière c, le groupement de b et c donne [bc] dont l'intensité est 10,5. Le pixel [a] d'intensité 8 est trop éloigné et il est considéré comme appartenant à une autre région. On obtient donc deux groupements au lieu d'un.

Ce petit exemple illustre combien l'ordre d'examen des pixels voisins peut influencer sur le résultat de l'algorithme.

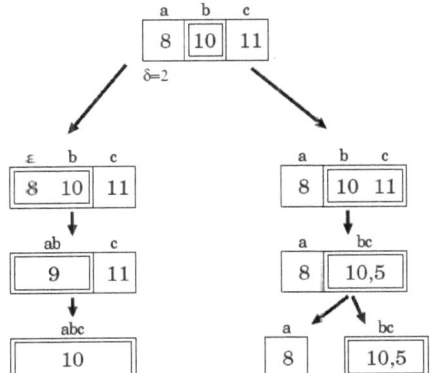

Fig II.3. Deux schémas de regroupement pour des pixels a, b et c

L'algorithme présenté ici ne tient compte que de la valeur moyenne de la valeur radiométrique. Il est donc possible d'obtenir des régions avec un très fort écart type. Une amélioration possible de l'algorithme permet de tenir compte de l'écart type sur lequel est fixé un second seuil.

II.3.1.3. Partage fusion (split and merge)

L'algorithme partage fusion a été présenté la première fois en 1974 par Pavlidis et Horowitz [Horo, 1977]. Cet algorithme s'apparente dans son principe à l'algorithme d'accroissement de région que nous venons de présenter. La différence principale provient de la nature des régions élémentaires agrégées.

Dans l'algorithme partage fusion, les régions agrégées proviennent d'une première phase (partage ou découpage) de traitement de l'image qui construit de manière récursive des régions carrées de taille variable mais homogènes.

- **Partage (split)**

La méthode de découpage de l'image utilisée dans cet algorithme est basée sur la notion de quadtree. Cette structure de données est un arbre quaternaire qui permet de stocker l'image à plusieurs niveaux de résolution. On part d'une région initiale qui est l'image toute entière, après on teste, si cette image vérifie un critère d'homogénéité de niveau de gris, l'algorithme s'arrête. Sinon, on découpe cette région en quatre parties de même taille et on lance la procédure récursivement dans ces quatre parties. La région initiale va être stockée comme un nœud dans un graphe et les sous parties comme des fils de ce nœud. La figure suivante montre une image en noir et blanc et le découpage correspondant à chaque niveau.

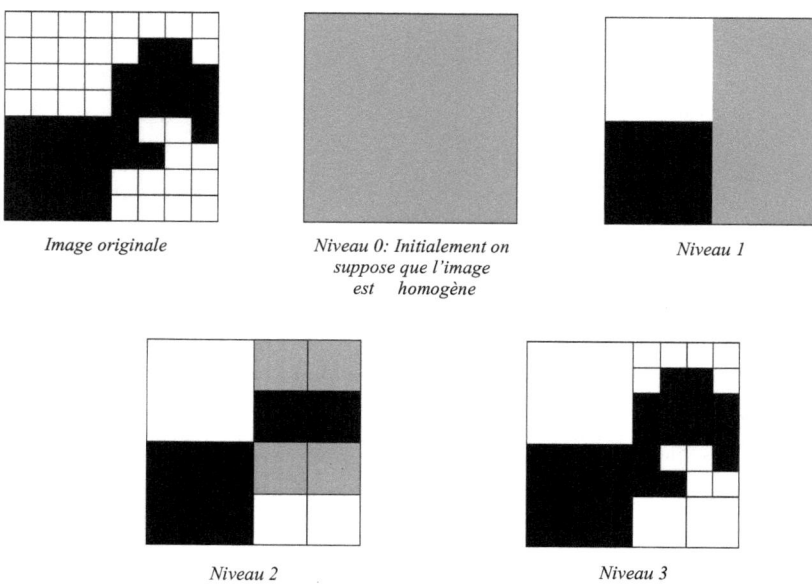

Fig.II.4. Partage de l'image

Le critère d'homogénéité peut être absolu, c'est à dire une zone est dite homogène si elle ne contient que des pixels de même niveau de gris (seuil=100%, une variance nulle). On peut être plus tolérant et accepter qu'une zone soit déclarée homogène dès que plus qu'un niveau de gris domine (un seuil non nul sera fixé).

De manière plus générale, on va appliquer ce principe de réduction à des images en niveau de gris. Le critère d'homogénéité est fixé par un seuil sur la variance de la couleur dans la zone en cours d'examen. Au dessus de ce seuil, la zone est découpée en quatre régions, en dessous, elle est conservée et constitue un nœud terminal de l'arbre. On lui attribue alors la valeur moyenne des niveaux de gris des pixels qui la constituent.

- **Fusion de régions (merge)**

La procédure de partage décrite précédemment aboutit à un nombre de régions trop élevé. La cause fondamentale de cette sur-segmentation est que l'algorithme découpe les régions de manière arbitraire. Il se peut qu'il coupe de cette façon, une zone homogène en deux ou quatre parties

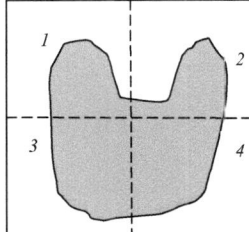

Fig.II.5. Problème de découpage arbitraire de régions dans la phase de .split.

Les parties 1, 2, 3 et 4 de cette image par exemple, appartiennent à des branches différentes du quadtree. Elles sont donc considérées comme des régions différentes bien que leur niveau de gris soit identique. La solution, qui correspond à la phase fusion de l'algorithme, est de procéder à une fusion de régions après le découpage. L'implémentation la plus simple de cette fusion cherche tous les couples de régions adjacentes dans l'arbre issu du découpage et cherche à les fusionner si leur couleur est assez proche.

II.3.1.4. Ligne de partage des eaux (watershed)

La méthode de segmentation d'images par Ligne de Partage des Eaux (LPE) ou watershed a été introduite par Digabel et Lantuejoul en 1979 [Beuc, 1979].

- **Principe de la méthode**

La ligne de partage des eaux utilise la description des images en termes géographiques. Une image peut en effet être perçue comme un relief si l'on associe le niveau de gris de chaque point à une altitude. Il est alors possible de définir la ligne de partage des eaux comme étant la crête formant la limite entre deux bassins versants. Pour l'obtenir, il faut imaginer l'immersion d'un relief dans de l'eau, en précisant que l'eau ne peut pénétrer dans les vallées que par ses minima. La ligne de partage des eaux est représentée par les points où deux lacs disjoints se rejoignent au cours de l'immersion.

- **Minimum local (Minima ou Marqeur)** : le point ou le plateau d'où on ne peut pas atteindre un point plus bas sans être obligé de remonter
- **Bassin versant** : c'est la zone d'influence d'un minimum local, c'est-à-dire une goutte d'eau s'écoulant dans le bassin versant, pour arriver au minimum local, dans l'image les bassins versants correspondent aux régions homogènes.

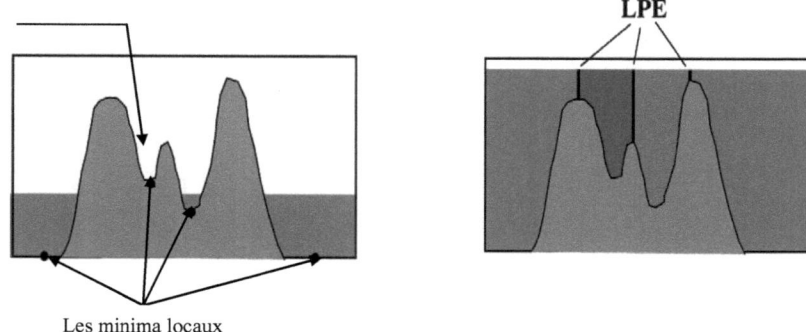

Fig.II.6.a. Principe de la segmentation par la ligne de partage des eaux

L'efficacité de la ligne de partage des eaux en tant qu'outil de segmentation dépend essentiellement des marqueurs de départ (minima).

- **Utilisation des marqueurs**

Initialement, les objets ne sont pas uniformes dans l'image. On définit pour chaque objet un marqueur, et en inondant ces marqueurs, on obtient l'image segmentée avec des objets uniformes.

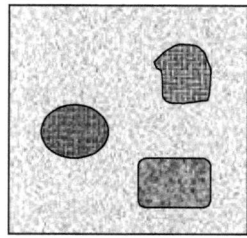 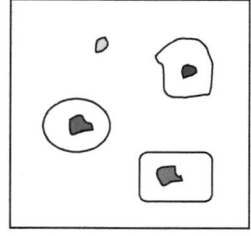 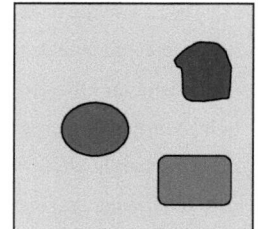

Image originale Définition des marqueurs Inondation
(Objets non uniformes)

Fig.II.6.b. Principe de la segmentation par la ligne de partage des eaux

Notons qu'un minimum local d'une image numérique à l'altitude h, est une composante connexe de pixels de niveau de gris h, dont tous les pixels de contour extérieur ont une valeur strictement supérieur à h.

A chaque minimum régional Mi de l'image est associée une zone d'influence constituée de l'ensemble des points plus proches de Mi que des autres minima.

Le processus d'inondation commence par détecter les fonds des vallées (les marqueurs). En suite on procède par une élévation du niveau de gris depuis le fond (minimum régional) jusqu'à remplir toute l'image.les ligne de crêtes se forment lorsque deux bassins se rejoignent.

La figure II.6.c. illustre les étapes de la construction de la ligne de partage des eax.

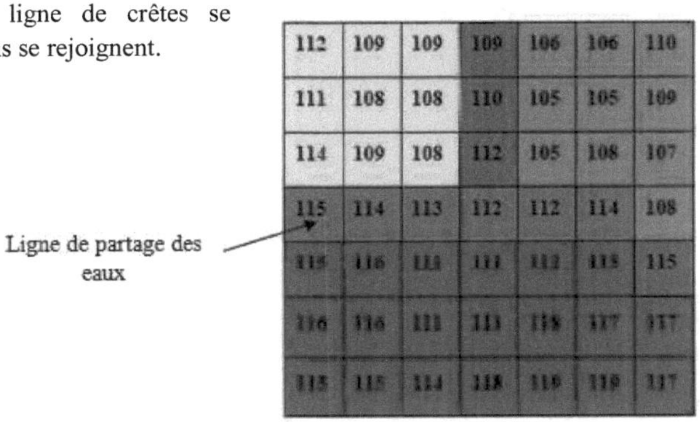

Ligne de partage des eaux

Fig.II.6.c. Principe de la segmentation par la ligne de partage des eaux

II.3.2. Caractérisation

Cette étape consiste à identifier des règles de reconnaissance des objets par la recherche de leurs propriétés spectrales (moyenne, écart-type, …), spatiales (dimensions, forme) et contextuelles (relations spatiales entre les régions) [Bous, 2005].

La réalisation de mesures à partir des objets présents sur les images, permet d'acquérir des connaissances nouvelles sur ces objets ou sur les phénomènes qui sont à l'origine de leur évolution. L'analyse quantitative des formes à partir des images poursuit des objectifs distincts de ceux de la photo interprétation. L'objectif de notre analyse concerne la détermination de mesures à partir de ces objets, la nature de mesures effectuées dépendant dans chaque cas des objets thématiques envisagés.

On peut classer ces paramètres en trois catégories (voir tableau II.2).

Paramètres spatiaux	Paramètres texturaux	Paramètres spectraux
Surface, périmètre, compacité, convexité, rondeur, paramètre d'élongation, facteur de forme, indice de circularité, centre de masse.	Moyenne, Variance, Entropie, Energie	Moyenne, Minimum, Maximum.

Tab. II.2. Différents paramètres de l'objet

Si on cherche à caractériser les objets d'une image multispectrale, alors chacun de ces paramètres sera calculé sur chaque bande spectrale.

II.3.2.1 Paramètres spatiaux : ils caractérisent la forme de l'objet.

a) Surface des objets

La surface d'un objet peut être exprimée par le nombre de pixels qui le composent, sans tenir compte de la valeur effective de la surface de chaque pixel (on ne prend pas compte de la trace du pixel sur le terrain), il s'agit donc d'une définition simple, la surface calculée en pixels (S) est alors égale à la somme de tous les pixels de ce même objet.

b) Périmètre

Le périmètre d'un objet est sensible à la résolution et l'orientation de l'objet. Plusieurs approximations ont été proposées pour calculer le périmètre. La définition la plus simple est de considérer le périmètre comme étant le nombre de pixels qui composent le contour de l'objet, dans ce cas le périmètre est exprimé par le nombre de pixels (un nombre entier). Une seconde manière de définir le périmètre d'un objet est de compter dans une procédure de suivi de contour le nombre de déplacements verticaux et horizontaux (+1) ainsi que le nombre de déplacements diagonaux (+1,414). Pour estimer la longueur du périmètre, nous affectons à chaque pixel un poids en fonction de la configuration de la fenêtre centrée sur ce pixel. Il est possible de calculer la longueur du périmètre en tenant compte de la distance entre le centre de chaque pixel constitutif et le centre des deux pixels voisins, dans ce cas le périmètre peut avoir une valeur réelle.

c) Compacité de l'objet

C'est une mesure de forme qui indique la compacité de l'objet. Un cercle est la forme la plus compacte avec une valeur de $1/\pi$. La valeur de compacité d'un carré est égale à $+1/(2\sqrt{\pi})$ [ITT, 2007]. Donc, nous avons :

$$Compacité = \frac{\sqrt{((4*Surface)/\pi)}}{périmètre}$$

d) Convexité par rapport aux trous

Les polygones sont convexes ou concaves. Cet attribut mesure la convexité du polygone. La valeur de convexité pour un polygone convexe sans trous est de 1, tandis que la valeur pour un polygone concave est moins de 1.

$$Convexité = \frac{perimétre\ de\ l'objet}{perimétre\ de\ l'objet + le\ périmétre\ des\ trous}$$

e) Rondeur

C'est une mesure de forme qui compare le secteur du polygone à la place (au carré) du diamètre maximal du polygone. Le diamètre maximal est la longueur de l'axe majeur d'une boîte de limitation orientée incluant le polygone. La valeur de rondeur d'un cercle est égale à 1 et d'un carré est $4/\pi$.

f) Facteur de forme

Le facteur de forme est défini par le rapport de la surface multipliée en général par la constante 4π sur la valeur au carré du périmètre. Dans le cas ou l'objet est un cercle parfait, le facteur de forme est maximal et est égal à 1, et dans le cas où l'objet est carré le facteur de forme égal à $\pi/4$.

$$Facteur\ de\ forme = \frac{4\pi\ (surface)}{(périmètre)^2}$$

Ce paramètre n'est pas toujours discriminant, dans l'exemple suivant on présente deux objets différents mais avec un facteur de forme identique :

Fig.II.7. Facteur de forme de deux objets différent

Surface1 = 5 pixels   Surface2 = 5 pixels
Périmétre1 = 12 cotés   Périmétre2 = 12 cotés

Les deux objets ont la même valeur de surface et de périmètre, donc ils ont la même valeur du facteur de forme. Le facteur de forme est plus adapté pour de grands objets et présente un problème de discrétisation.

g) Indice de circularité

L'indice de circularité est défini par le rapport du périmètre au carré à la surface multipliée en général par la constante $4*\pi$. Dans le cas d'un cercle, le paramètre de rondeur est minimal et est égal à 1. Le paramètre de rondeur est très rapide d'acquisition. Il est cependant peu adapté comme paramètre d'élongation, dans le cas ou l'objet présente des trous.

$$Indice\ de\ circularité = \frac{(périmètre)^2}{4*\pi\ (surface\ )}$$

h) Le paramètre d'élongation

Le paramètre d'élongation est le rapport du diamètre de Féret maximal au diamètre de Féret minimal, convient bien, malgré un temps de mesure très long. Le diamètre de Féret se définit comme la distance séparant les deux tangentes parallèles à une direction donnée et qui encadrent l'objet.

Chapitre II   Classification Orientée Objets

dFmax : Diamètre de Féret maximum

dFmin : Diamètre de Féret minimum

$$Elongation = \frac{dFmax}{dFmin}$$

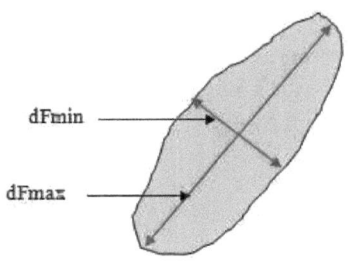

Fig.II.8. Paramètre d'élongation

Avec :

- Diamètre de Féret : Distance entre deux tangentes parallèles à des côtés opposés de l'objet.
- Diamètre de Féret maximum : Distance maximale entre deux tangentes parallèles sur des côtés opposés de la particule ou bien la longueur du parallélépipède ou rectangle dans lequel s'insère l'objet.
- Diamètre de Féret minimum : Distance minimale entre deux tangentes parallèles à des côtés opposés de la particule ou la largeur du parallélépipède ou rectangle dans lequel s'insère l'objet.

i) Centre de masse de l'objet

Si nous considérons que le pixel(0,0) correspond à l'origine d'une image, les coordonnées du centre de masse de l'objet sont égales à:

$$X_c = \frac{1}{N} \sum X_i \qquad\qquad Y_c = \frac{1}{Npo} \sum Y_i$$

Où X_i, Y_i sont les coordonnées des pixels formant l'objet et N est le nombre de pixels constituant l'objet.

II.3.2.2. Paramètres de texture

La texture se définit comme l'étude de la distribution des différents niveaux de gris, à l'intérieur de chaque objet, sans tenir compte de leur situation topographique. L'information est résumée par des paramètres, comme la valeur moyenne, la variance, l'entropie, etc.

a) La Moyenne

C'est la valeur moyenne des pixels comprenant l'objet dans chaque bande :

$$\mu(X) = \frac{\sum I(i,j)}{N(X)}$$

Avec :
I : la valeur radiométrique des pixels dans une seule bande
N : le nombre total de pixels formant l'objet X

b) La Variance

C'est une mesure de la dispersion des valeurs radiométriques des pixels formant l'objet autour de sa valeur radiométrique moyenne. Elle augmente lorsque les niveaux de gris sont éloignés de leur moyenne. La variance est indépendante du contraste.

$$Variance(X) = \frac{1}{N(X)} \sum_{i}^{N} (I(i,j))^2 - (\mu(X))^2$$

Avec :
I : la valeur radiométrique des pixels dans une bande spectrale.
N : le nombre total de pixels formant l'objet X
µ(X) : la valeur radiométrique moyenne de l'objet X

c) Entropie

L'entropie se construit sur la probabilité qu'une valeur soit présente dans l'histogramme. Si tous les niveaux apparaissent avec la même fréquence, la situation est optimale, car l'image offre ainsi un maximum d'information, alors son entropie est également maximale.

Dans notre cas, l'entropie est une variable qui exprime le degré de désordre ou de structuration de l'objet. Elle se définit à partir de la probabilité d'apparition d'une valeur par rapport à l'ensemble des valeurs de l'objet. L'entropie est définie par l'équation suivante :

$$H(i) = -\sum P(i) Log_2 P(i)$$

Pour une image de 256 niveaux de gris, l'entropie de l'objet varie de 0 (où tous les pixels de l'objet possèdent la même luminance et sont donc réunis sur un seul niveau) à 8 $Log_2(2)$ (où les pixels sont uniformément répartis sur les niveaux de gris, $P(i) = 1 / 256$). Notons que l'entropie maximale croit avec le nombre de niveau de gris disponibles (l'indice de codage binaire).

II.3.2.3. Paramètres spectraux

a) Minimum de l'objet

On détermine la valeur minimale de niveau de gris qu'on peut avoir dans chaque objet, dans les différentes bandes spectrales.

b) Maximum de l'objet

On détermine la valeur maximale de niveau de gris qu'on peut avoir dans chaque objet, dans les différentes bandes spectrales.

II.3.2.4. Sélection des paramètres discriminants

L'association à chaque objet d'une description en termes de caractéristiques de forme, de texture, etc. pose le problème de la pertinence et de la redondance de ces descripteurs. Dans son travail, Puissant [Puis, 2003] a effectué une analyse de corrélation pour observer la redondance d'information entre ces différents attributs (surface, périmètre, élongation, etc.). Cette étude a été réalisée pour trouver quels sont les attributs pertinents pour certains types d'objets à partir de données existantes sur des objets urbains. Cependant, il est difficile de se baser sur ces résultats pour généraliser. En effet on peut citer les conclusions de l'auteur : " le choix d'un critère géométrique pertinent dépend d'abord du **type d'objets recherché** ; si un critère de surface peut suffire pour identifier des objets de type « surface en eau » ou « zone de végétation », un indice de forme est plus adapté pour les bâtiments ou la végétation intra-urbaine aux formes spécifiques."

Le choix des paramètres à retenir lors de la caractérisation des objets est encore un problème ouvert. De plus, il est évident que la qualité de ces paramètres dépend directement de celle de la segmentation. Dans notre cas, l'utilisateur possède a priori peu de connaissances sur les objets qu'il souhaite trouver (l'indice de forme, la compacité…), il est donc difficile de faire une sélection fine des indices à utiliser.

II.3.3. Classification

Après la segmentation et la caractérisation, les informations utilisées ne sont plus les valeurs spectrales des pixels mais les caractéristiques des objets.

Habituellement, une classification est l'affectation de plusieurs objets dans une classe, en accord avec la description de cette classe. Ainsi, une description de la classe décrit les propriétés ou les conditions des classes désirées. Les objets sont alors classés selon qu'ils remplissent ou non ces propriétés (conditions). Par conséquent, les informations décrivant les classes doivent être précises, représentatives et complètes, ce qui est dans la plupart des cas difficile. Une description de classe ne peut donc être qu'une estimation générale des propriétés de la classe désirée.

Dans le concept de la COO, on peut réaliser la classification d'objets de deux manières différentes : une classification par règles ou une classification par apprentissage.

II.3.3.1. Classification par règles

On génère des règles sur les propriétés des objets caractérisant les classes à extraire. La définition de ces règles se fait de manière cognitive à partir des connaissances de l'utilisateur. Comme la perception humaine, ces règles peuvent utiliser la couleur mais aussi la taille, la forme, le contexte des objets, ce qui améliore considérablement les performances de l'interprétation. Les objets sont classés selon qu'ils vérifient ou non ces règles. Cependant, on peut avoir le cas ou l'objet est affecté à plus d'une classe, donc il s'agit en quelques sortes, d'un mode de classification non supervisée.

II.3.3.2. Classification par apprentissage

Avec le mode par apprentissage (supervisé), on définit des objets d'intérêt (objets échantillons) caractérisant les classes à extraire dont le nombre et la nature sont connus a priori.

En télédétection, les méthodes classiques (minimum de distance, maximum de vraisemblance, etc.) affectent une valeur d'appartenance de 1 ou 0 aux objets, exprimant si un objet appartient à une classe ou non. Ces outils sont dits classificateurs « durs » (hard classifiers), car ils classent de façon binaire. Au contraire, les classificateurs « doux » (soft classifiers) (principalement les systèmes flous) utilisent des fonction d'appartenance pour exprimer l'affectation d'un objet à une classe. La valeur d'appartenance est généralement comprise entre 0 et 1. 1 signifie une appartenance totale à une classe et 0 une exclusion stricte.

La fonction d'appartenance dépend du degré auquel les objets remplissent les conditions décrites dans la classe. L'avantage majeur des méthodes douces est leur possibilité à exprimer l'incertitude et l'imprécision au sujet de la description de la classe.

d) Classification par le minimum de distance

Avec cette méthode, la règle de discision pour l'affectation d'un objet à une classe est la distance minimale entre les valeurs des caractéristiques de l'objet et les valeurs des caractéristiques de l'échantillon représentant la classe. Ainsi les objets sont affectés à la classe dont les valeurs sont les plus proches. Cette approximation est souvent mesurée par une distance. On peut définir un seuil sur la distance maximale entre l'objet et l'échantillon, si on veut ajouter une classe de rejet (non classé).

Il existe plusieurs types de distance. Les plus utilisées sont la distance euclidienne et la distance de Mahalanobis.

- **Distance euclidienne**

C'est la manière la plus simple pour déterminer la similarité entre l'objet à classifié et l'échantillon de la classe. La distance euclidienne entre l'objet X et la classe C_i se calcule comme suit :

$$D(X, C_i) = [\sum (E(X) - E(C_i))^2]^{1/2}$$

Où E(X) est la valeur du paramètre de l'objet X, et E(C_i) est la valeur du paramètre de l'échantillon de la classe C_i.

- **Distance de Mahalanobis**

C'est une mesure de distance basée sur la corrélation entre des variables pour lesquelles différents modèles peuvent être identifiés et analysés. Elle diffère de la distance euclidienne par le fait qu'elle prend en compte la corrélation des classes entre elles. La distance de Mahalanobis entre l'objet X et la classe C_i se calcule comme suit :

$$D(X, C_i) = || E(X) - E(C_i) || = [(E(X) - E(C_i))^T \sum{}^{-1} (E(X) - E(C_i))]^{1/2}$$

Ou $(E(X) - E(C_i))^T$ est le vecteur transposé, et $\sum^{-1}$ est la matrice de variance-covariance inverse d'une classe donnée.

Si la matrice de variance-covariance est la matrice identité, cette distance est alors la même que la distance euclidienne. Si la matrice de variance-covariance est diagonale, elle est appelée distance euclidienne normalisée :

$$D(X,C_i) = \left(\sum \frac{(E(X)-E(C_i))^2}{\sigma^2}\right)^{1/2}$$

Où σ est l'écart type du paramètre de l'objet à classifier X.

e) Classification par le maximum de vraisemblance

La méthode du maximum de vraisemblance est basée sur la théorie des probabilités et le théorème de Bayes. La probabilité conditionnelle à posteriori $P(C_i/x)$ donne la vraisemblance que la classe correcte est C_i pour l'objet X. En appliquant la formule de Bayes :

$$P(Ci/X) = \frac{P(X/Ci)\,P(Ci)}{P(X)}$$

Avec :

- $P(X/Ci)$ est la probabilité conditionnelle de l'objet X sachant que sa classe est C_i Ce terme représente la fonction de densité de probabilité de la classe C_i.
- $P(Ci)$ est la probabilité à priori de la classe C_i
- $P(X)$ est la probabilité d'observation de l'objet X. C'est une probabilité commune à toutes les classes et elle est donnée par :

$$P(X) = \sum P(X/C_i)\,P(C_i)$$

Finalement, le terme discriminant entre les différentes classes pour un objet donné est la probabilité $P(X/Ci)$) sous l'hypothèse de l'équiprobabilité des classes. D'où l'obtention de la fonction discriminante suivante :

$$g(X,C_i) = \left\{-\frac{1}{2}(E(X)-E(C_i))^T \sum\nolimits_{C_i}^{-1}(E(X)-E(C_i))\right\} - \frac{1}{2}ln\left\{\left|\sum\nolimits_{C_i}\right|\right\}$$

Avec :

$E(X), E(C_i)$ les vecteurs moyennes et $\sum_{C_i}$ la matrice de covariance de la classe C_i déterminés durant la phase d'apprentissage.

La règle de décision au sens du maximum de vraisemblance de l'appartenance de l'objet X à la classe C_i est donnée comme suit :

L'objet X appartient à la classe C_i si $g(X,C_i) > g(X,C_j)$ pour tout $j \neq i$

f) Classification basée sur le raisonnement flou

Cette classification est basée sur la théorie des ensembles flous. Ce concept utilise pour définir un ensemble, des valeurs graduées entre 0 et 1 et non strictement vraies 1ou fausses 0. Un ensemble flou est défini par une fonction d'appartenance, qui décrit le degré avec lequel un élément X appartient à l'ensemble. La logique floue permet ainsi de représenter des modèles vagues; elle convient bien à la description des dépendances entre différents types d'informations et à la représentation des paramètres géographiques. [Kars, 2007]

Dans une classification floue, une classe est définie par une combinaison de fonctions floues, portant sur différentes caractéristiques des objets. Chaque objet se voit attribuer, selon ces valeurs de paramètres, un degré d'appartenance à chaque classe: cette valeur n'est pas une probabilité mais une possibilité admise. Généralement, l'objet est au final attribué à la classe pour lequel il a le plus haut degré d'appartenance.

La méthodologie utilisée pour cette étude se base essentiellement sur la hiérarchie des classes et l'opérateur logique NON. La séparation de deux classes se base sur le choix d'une classe A facile à décrire grâce à une fonction floue simple, la définition des autres est défini comme étant Non A. On peut associer à la classification toutes les données disponibles : paramètres spatiaux, spectraux, et texturaux. On crée ainsi une structure où chaque classe est définie dans un niveau donné. La structure peut être sauvegardée et appliquée à une autre image facilement adaptable d'une image à une autre, c'est-à-dire d'une zone à une autre.

La classification basée sur le raisonnement flou est la méthode utilisée dans la plus part des logiciels commerciaux, tels que ecognition et ENVI zoom [Kars, 2007].

Conclusion

Dans ce chapitre, nous avons présenté l'approche de la classification orientée objet, en explicitant son principe et ses différentes étapes, à savoir la segmentation, la caractérisation, et la classification. Le concept de la COO présente l'avantage de mettre en valeur l'aspect sémantique dans l'image classifiée, contrairement aux méthodes classique ''pixelliques'' où l'information sémantique n'est pas représentées dans des pixels individuels.

Le chapitre suivant de ce mémoire est consacré à la description du processus de la COO que nous avons implémenté.

Chapitre 3
Implémentation du processus de la classification orientée objets

Introduction

Ce chapitre porte principalement sur la présentation de l'ensemble des algorithmes que nous avons implémentés pour la réalisation de la COO. Ces algorithmes, comme illustré par la figure III.1, concernent les trois étapes du processus de la COO, à savoir la segmentation, la caractérisation et enfin la classification. Ainsi, nous avons implémenté :

- ✓ Deux méthodes de segmentation : 1) partage fusion et 2) accroissement de régions.
- ✓ Plusieurs paramètres de caractérisation : 1) spectraux, 2) spatiaux, et 3) texturaux.
- ✓ Deux modes de classification : 1) par apprentissage où deux règles de décision ont été considérées : le maximum de vraisemblance et le minimum de distance, 2) par règle où nous avons sélectionné le paramètre de surface comme critère de discrimination entre les différentes classes.

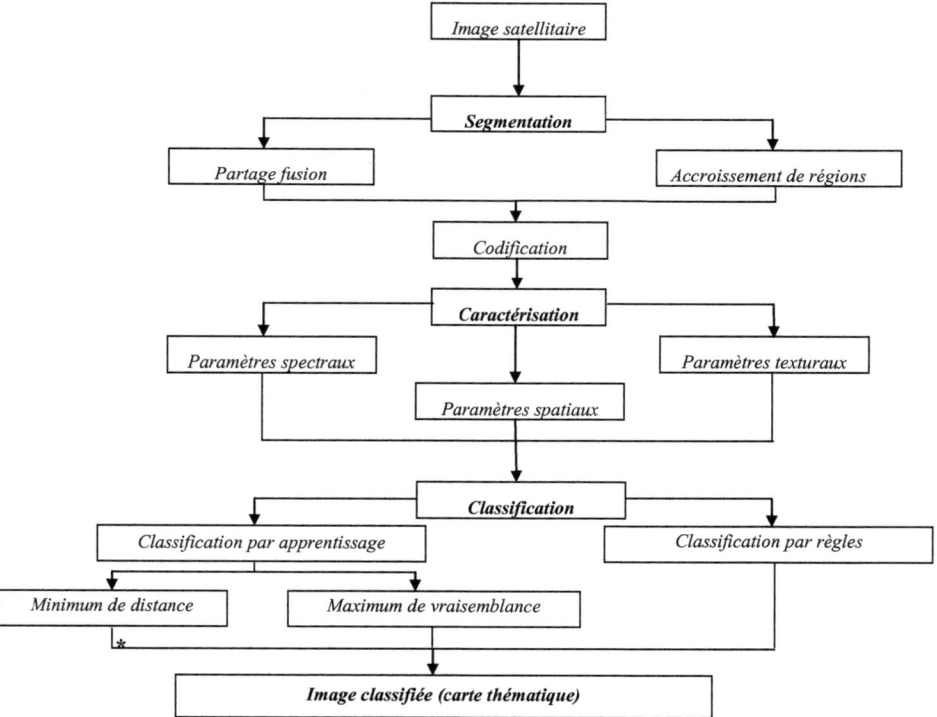

Fig.III.1. Processus de la classification orientée objet implémenté

III.1. Segmentation

En général, la segmentation des images multispectrales est effectuée sur les différents canaux, c'est-à-dire le regroupement de pixels est fait si les critères de similarité sont respectés dans toutes les bandes. Cela veut dire qu'on ne va pas manipuler une valeur de seuil mais un vecteur de seuils dont la dimension correspond au nombre de canaux.

III.1.1. Segmentation par partage fusion

- **Algorithme de partage**

Dans la première étape de la segmentation (le partage), on fait balayer une fenêtre de taille 2*2 sur notre image, si la variance de la fenêtre est inférieure au seuil, alors on remplace les quatre pixels de la fenêtre par leur valeur moyenne. Ensuite, si le seuil est respecté, on augmente la taille de la fenêtre de balayage 4X4, 16X16, etc jusqu'à la taille de l'image. Donc, à la fin de chaque balayage (itération), on teste la condition d'arrêt, si l'image d'entrée est différente de celle de sortie, alors le processus est relancé avec une fenêtre de taille plus grande, sinon on s'arrête à cette taille de fenêtre. Cet algorithme est donné comme suit :

```
I entrée = Image originale
Tf = 2                                      // Tf : taille de la fenêtre
ETIQUETTE1: Pour n allant de 0 à Ti/Tf faire  // Ti : taille de l'image
         Pour m allant de 0 à Ti/Tf faire
             Pour i allant de 0 à Tf faire
                 Pour j allant de 0 à Tf faire

          I masque (i, j)= I entrée ( i +Tf * n , j +Tf * m )
             Fin de pour
             Fin de pour

             Si  variance de I masque < seuil   alors
                 Pour i allant de 0 à Tf faire
                 Pour j allant de 0 à Tf faire
             I partage (i+Tf * n , j+Tf * m ) = moyenne (I masque)  // remplacer les pixels
                                                                     du masque par la moyenne
                 Fin de pour
                 Fin de pour
                 Finsi
             Fin de pour
             Fin de pour
    Si  I partage – I entrée ≠ 0        alors      // comparaison entre les images issues du dernier
                                                     partage  et le partage précédent.
         I entrée = I partage    et    Tf = 2*Tf
         Aller à  ETIQUETTE 1
Finsi
```

- **Algorithme de Fusion**

La procédure de partage décrite précédemment aboutit à un nombre de régions trop élevé. La solution à ce problème est de procéder à une fusion de régions après le découpage. Le principe de cette fusion est de rassembler toutes les régions adjacentes si leurs valeurs radiométriques sont assez proches (vérifient le seuil). L'algorithme de fusion est donné comme suit : (avec A valeur du niveau de gris)

```
A = I partage (0,0)
ETIQUETTE: Pour i allant de 0 à NBlig faire      // Avec NBlig nombre de lignes de l'image
           Pour j allant de 0 à NBcol faire      // Avec NBcol nombre de colonnes de l'image
               Si  I partage (i,j) – A  < seuil    Alors    I segmentée (i,j) = A
               Finsi

           Fin de pour
           Fin de pour
Pour i allant de 0 à NBlig faire
Pour j allant de 0 à NBcol faire
    Si  I segmentée (i,j) = 0              Alors   A = I partage (i,j)
    Aller à ETIQUETTE
    Finsi
Fin de pour

Fin de pour
```

III.1.2. Segmentation par accroissement de régions

Avec cette méthode, on fait agrandir l'objet par incorporation des pixels voisins les plus similaires, suivant un seuil donné, tel que la différence entre le niveau de gris du pixel considéré et le niveau de gris moyen de l'objet. L'algorithme d'accroissement de région se déroule en deux étapes:

1. Trouver le pixel de départ de chaque objet.
2. Faire grandir l'objet à partir de son pixel de départ.

On suppose initialement que le premier objet est représenté par le premier pixel de l'image ensuite, on fait agrandir l'objet, les pixels voisins sont ajoutés à l'objet si le seuil d'homogénéité est respecté. La croissance s'arrête lorsqu'on ne peut plus ajouter de pixels sans briser le seuil d'homogénéité. Le prochain pixel de départ sera le premier pixel rencontré pendant le balayage et qu'il ne vérifie pas le seuil du pixel de départ précédent. L'algorithme de cette méthode est donné comme suit :

- **Algorithme de segmentation par accroissement de région**

```
I segmentée (*,*) = 0        // Mettre à 0 tout les pixels de l'image segmentée
Pixel de départ = I entrée(0,0)  //
ETIQUETTE Pour i allant de 0 à NBlig faire   // Avec NBlig nombre de lignes de l'image
           Pour j allant de 0 à NBcol faire  // Avec NBcol nombre de colonnes de l'image
             Si I entrée (i,j) – pixel de départ < seuil    Alors    I segmentée (i,j) = pixel de départ
             Finsi
           Fin de pour
         Fin de pour
         Pour i allant de 0 à NBlig faire
         Pour j allant de 0 à NBcol faire
             Si I segmentée (i,j) = 0           Alors   pixel de départ = I entrée (i,j)
             Aller à ETIQUETTE
             Finsi
         Fin de pour

  Fin de pour
```

Remarque

Dans notre travail nous avons appliqué la segmentation sur chaque bande spectrale séparément pour les deux méthodes implémentée (le partage fusion ainsi que l'accroissement de région), pour obtenir une seule image segmentée dont on a besoin pour la classification, deux méthodes sont utilisées :

- ➤ La première est de calculer l'image moyenne à partir des bandes spectrales segmentées;
- ➤ La deuxième méthode est d'appliquer des opérateurs logiques sur les images spectrales segmentées, c'est-à-dire, un objet figurerait dans l'image segmentée finale s'il est homogène dans toutes les bandes spectrales segmentées.

- **Calcul de l'image segmentée moyenne**

A partir des images spectrales segmentées séparément, on calcule une image moyenne, pour obtenir une seule image segmentée, cette méthode peut présenter des limites pour le résultat final de la segmentation et la classification. Exemple: Si deux objets de thèmes différents présentent la même valeur radiométrique moyenne (calculée à partir des bandes spectrales), ils seront confondus dans l'image segmentée. Dans le cas ou les deux objets sont spatialement séparés dans l'image, le problème ne se posera pas pour la classification car on revient aux valeurs spectrales des objets, par contre si les deux objets sont adjacents alors ils seront considérés comme étant un seul objet, et ils seront affectés à la même classe, qu'en réalité ils appartiennent à deux classes différentes.

- **Détermination de l'image segmentée par les opérateurs logiques**

Pour remédier aux problèmes de la segmentation par la moyenne, nous avons implémenté une deuxième méthode pour la détermination de l'image segmentée : un objet n'est pris que s'il est homogène dans toutes les images spectrales segmentées. Exemple : supposons qu'on dispose de trois images spectrales segmentées séparément

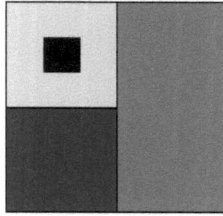 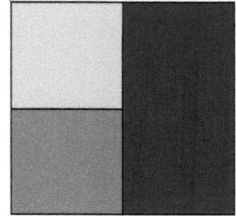 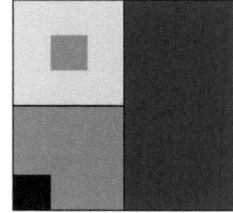

Résultat de segmentation sur la première bande *Résultat de segmentation sur la deuxième bande* *Résultat de segmentation sur la troisième bande*

Fig.III.2.a. Segmentation de trois bandes

On ne peut pas représenter une seule image segmentée avec des valeurs radiométriques, parce qu'un même objet se comporte différemment dans les bandes spectrales. En réalité, nous avons défini une image étiquetée où chaque étiquette correspond à un vecteur de valeurs radiométriques, ce vecteur peut être traduit par la signature spectrale de l'objet.

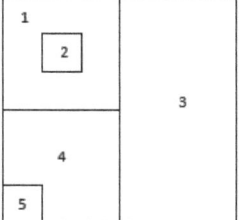

Fig.III.2.b Segmentation par les opérateurs logiques

Le nombre maximal d'étiquettes dépend de la corrélation entre les différents canaux spectraux. Donc, si les canaux spectraux sont fortement décorrélés, alors le nombre d'étiquettes se rapprocherait du nombre de classes présent dans l'image. Ainsi, en utilisant les néo canaux générés par une ACP (par exemple), on aura un nombre réduit de régions par rapport au nombre trouvé en utilisant les bandes spectrales.

III.1.3. Codification des objets

Après l'étape de segmentation, on doit codifier les différentes régions (ou objets), c'est-à-dire, deux objets identiques et spatialement séparés dans l'image doivent avoir deux codes différents. Pour cela on génère une image des objets. C'est un tableau à deux dimensions de la taille de l'image dans lequel chaque case représente un pixel de l'image. La valeur de la case est le code unique de l'objet à lequel appartient le pixel. En associant une couleur à chaque code on obtient une image, superposable à l'image de départ (segmentée), qui permet l'identification rapide des différents objets.

- **Algorithme de codification**

```
       L=1                              // ou L est le code des objets
       Image des objets = 0             // tous les pixels de l'image sont nuls
       Image des objets (0,0) = 1       // affecter au premier pixel de l'image le code du
                                           premier objet détecté
  Pour i allant de 0 à NBlig faire
  Pour j allant de 0 à NBcol faire
  ETIQUETTE : Si    image des objets (i , j) ≠ 0  alors
                Si    image segmentée (i , j) = image segmentée (i+1 , j)  alors
                    Image des objets (i+1 , j) = Image des objets (i+1 , j)
                Finsi
                Si    image segmentée (i , j) = image segmentée (i , j+1)  alors
                    Image des objets (i+1 , j) = Image des objets (i , j+1)
                Finsi
                Si    image segmentée (i , j) = image segmentée (i+1 , j+1)  alors
                    Image des objets (i+1 , j) = Image des objets (i+1 , j+1)
                Finsi
             Finsi
             Si   image des objets (i , j) = 0  alors
                L = L + 1
                image des objets (i , j) = L
                Aller à ETIQUETTE
             Finsi
  Fin de pour
  Fin de pour
```

Dans cette image, les niveaux de gris correspondent aux codes des objets, c'est pour cette raison qu'elle n'est pas représentative (thématiquement).

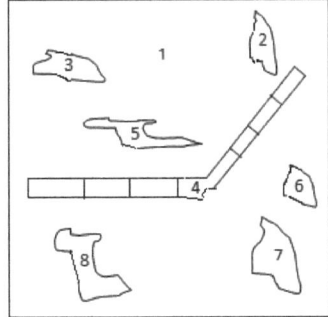

Fig.III.3. Image des objets codifiés

III.2. Caractérisation (Calcul des paramètres des objets)

Apres avoir segmenté et codifié tous les objets de l'image, on peut calculer les différents paramètres de chaque objet. On peut distinguer trois types de paramètres, à savoir les paramètres de texture (moyenne, variance, entropie,..), les paramètres spectraux (le minimum, le maximum,…), et enfin les paramètres spatiaux ou de forme (superficie, périmètre, compacité, centre de masse, etc.).

III.2.1. Attributs texturaux

a) La Moyenne

On calcule la valeur radiométrique moyenne de chaque objet, et cela se fait dans les différentes bandes spectrales. En utilisant ces valeurs radiométriques moyennes, on peut représenter une signature spectrale d'objets. L'algorithme de calcul de la moyenne est donné comme suit :

```
Pour k allant de 0 au  max de [image des objets] faire      // k représente le code de l'objet
  Pour i allant de 0 à NBlig faire
  Pour j allant de 0 à NBcol faire
    Si  image des objets (i,j) = k  alors
      Somme (k) = Somme (k) + image originale (i,j)
    Finsi
  Fin de pour
  Fin de pour
  Somme(k)=somme(k) / Npixel (k)                             // Npixel représente le nombre de
  Fin de pour                                                //   pixels total formant l'objet k
```

b) La Variance

Après la moyenne, on passe au calcul de la variance, et cela pour mesurer la distance entre les valeurs radiométriques des pixels formant l'objet autour de sa valeur radiométrique moyenne. L'algorithme de calcul de la variance est donné comme suit :

```
Pour k allant de 0 au  max de [image des objets] faire      // k représente le code de l'objet
Pour i allant de 0 à NBlig faire
Pour j allant de 0 à NBcol faire
  Si  image des objets (i,j) = k  alors
    Somme (k) = Somme (k) + (image originale (i,j))² - (Moy (k))²   // Moy (k) : valeur radiométrique
  Finsi                                                             //   moyenne de l'objet k
Fin de pour
Fin de pour
  Somme(k)=somme(k) / Npixel (k)                            // Npixel représente le nombre de
  Fin de pour                                               //   pixels total formant l'objet  k
```

c) Entropie

Dans notre travail, nous nous intéressons à l'entropie de l'objet indépendamment de l'image. Nous présentons plus d'explication dans l'exemple suivant :

Exemple : Supposons qu'un objet dans l'image comporte dix (10) pixels.

- Quatre (04) pixels parmi les dix ont une valeur radiométrique égale à 100
- Deux (02) pixels parmi les dix ont une valeur radiométrique égale à 105
- Trois (03) pixels parmi les dix ont une valeur radiométrique égale à 107
- Un (01) pixel parmi les dix ont une valeur radiométrique égale à 108

L'entropie de cet objet est calculée comme suit :

$$\text{Entropie} = - \left[\frac{4}{10} \ln\left(\frac{4}{10}\right) + \frac{2}{10} \ln\left(\frac{2}{10}\right) + \frac{3}{10} \ln\left(\frac{3}{10}\right) + \frac{1}{10} \ln\left(\frac{1}{10}\right) \right]$$

Avec ln est la fonction logarithmique à base de 2.

Comme nous le constatons, l'entropie ne dépend pas de la taille de l'image ou du nombre d'objets détectés. Ainsi, pour généraliser et automatiser le calcul de l'entropie de tous les objets de l'image, nous avons défini un tableau qui représente les probabilités de chaque valeur radiométrique pour chaque objet de l'image.

La dimension du tableau = nombre d'objets dans l'image X nombre de valeur radiométrique (256 niveau de gris pour une image codée sur un octet).

- **Algorithme de calcul de l'entropie**

```
Pour k allant de 0 au max de [image des objets] faire      // k représente le code de l'objet
  Pour i allant de 0 à NBlig faire
  Pour j allant de 0 à NBcol faire
    Si    image des objets (i,j) = k    alors
      Pour l allant de 0 à 255 faire                        // l représente la valeur radiométrique
        Si    image originale (i,j) = l    alors    somme (k,l) = somme (k,l) +1
        Finsi
      Fin de pour
    Finsi
  Fin de pour
  Fin de pour
  Fin de pour
  Pour k allant de 0 au max de [image des objets] faire    // k représente le code de l'objet
    prob(k,*) = somme(k) / Npixel (k)                      // Npixel représente le nombre de
                                                           //    pixels total formant l'objet k
    Pour l allant de 0 à 255 faire                         // l représente la valeur radiométrique
    Si prob (k,l) ≠ 0    alors
      A = A + prob(k,l) * ln(prob(k,l))                    // A représente un nombre réel.
    Finsi
    Fin de pour
    Entropie(k) = A
  Fin de pour
```

III.2.2. Attributs spectraux
a) Le minimum et le maximum

Pour tous les objets de l'image, on calcule la valeur minimale (maximale) du niveau de gris des pixels constituants l'objet. Cette opération se fait dans toutes les bandes spectrales, donc on aura un minimum (un maximum) pour chaque bande.

III.2.3. Attributs spatiaux
a) La surface

Comme on la déjà défini, la surface de l'objet correspond au nombre de pixels qui le forment. Pour la calculer, on commence par la sélection de l'objet, c'est-à-dire, on garde un seul objet à la fois, tous les autres objets serons éliminés, après il suffit de compter le nombre de pixels non nuls de l'objet sélectionné.

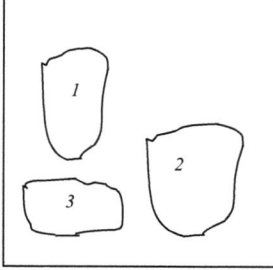
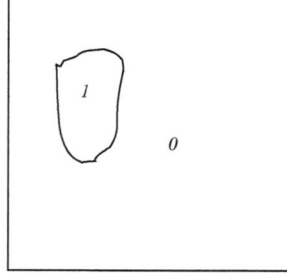

Image des objets　　　　　　　　sélection du premier objet

Fig.III.4. Calcul de la surface de l'objet

Dans le cas ou l'image est géoréférencée, la surface réelle de l'objet correspond à la résolution spatiale du pixel (taille du pixel au sol), multipliée par le nombre de pixel composant l'objet.

- **Algorithme de calcul de la surface**

```
Pour k allant de 0 au   max de [image des objets] faire     // k représente le code de l'objet
   Pour i allant de 0 à NBlig faire
      Pour j allant de 0 à NBcol faire
         Si  image des objets (i,j) = k alors
            Surface (k) = Surface (k) + 1
         Finsi
      Fin de pour
   Fin de pour
Fin de pour
```

b) Le périmètre

Le périmètre correspond au nombre de pixels qui sont sur le contour de l'objet. Pour le calculer, on commence par la sélection de l'objet (tous les autres objets serons éliminés). Ensuite, on applique un détecteur de contour, le périmètre sera égal à la somme des pixels formants le contour (les pixels non nuls), et ainsi de suite pour le reste des objets.

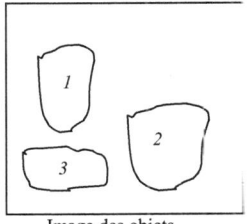
Image des objets

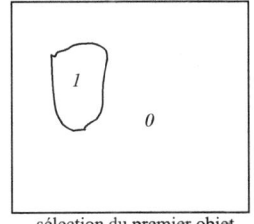
sélection du premier objet

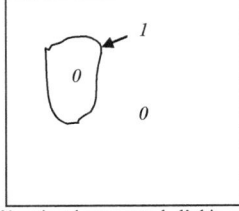
détection du contour de l'objet

Fig.III.5. Calcul du périmètre de l'objet

- **Algorithme de calcul du périmètre**

```
Pour k allant de 0 au max de [image des objets] faire    // k représente le code de l'objet
   Pour i allant de 0 à NBlig faire
   Pour j allant de 0 à NBcol faire
   Si  image des objets (i,j) = k  alors   Image(i,j) = k
   Sinon image (i,j) = 0
   Finsi
  Fin de pour
  Fin de pour
    Pour i allant de 0 à NBlig faire
    Pour j allant de 0 à NBcol faire
    Si    image (i,j) ≠ image (i+1, j) ou image (i, j) ≠ image (i, j+1)
                 ou image (i, j) ≠ image (i+1,j+1)
   Image contour (i,j) = k
   Sinon image contour (i,j) = 0
   Finsi
   Fin de pour
   Fin de pour
     Pour i allant de 0 à NBlig faire
     Pour j allant de 0 à NBcol faire
     If   image contour (i, j) = k  alors   Périmètre (k) = Périmètre (k) +1
    Fin de pour
    Fin de pour
Fin de pour
```

c) Compacité de l'objet

On calcule la valeur de la compacité pour tous les objets figurants sur notre image.

- **Algorithme de calcul**

```
Pour k allant de 0 au  max de [image des objets] faire     // k représente le code de l'objet
   Compacité (k)= [4 ∗ Surface(k) / π]^(1/2) / périmètre(k)
Fin de pour
```

d) Centre de masse de l'objet

Les coordonnées du centre de masse de l'objet sont calculées par rapport au repère lié à l'image qui a pour origine le pixel (0,0). L'algorithme de calcul des coordonnées du centre de masse de l'objet est donné comme suit :

```
Pour k allant de 0 au  max de [image des objets] faire    // k représente le code de l'objet
  X_c = 0    Y_c = 0                                       // initialisation des coordonnées
  Pour i allant de 0 à NBlig faire
   Pour j allant de 0 à NBcol faire
     Si image des objets (i,j) = k  alors
        X_c(k) = X_c(k) + i
        Y_c(k) = Y_c(k) + j
     Finsi
   Fin de pour
  Fin de pour
  X_c(k) = X_c / Npo                                       // Npo est le nombre de pixels qui décrivent l'objet
  X_c(k) = X_c / Npo
Fin de pour
```

III.2.4. Table des paramètres

Après avoir calculé les différents paramètres pour tous les objets détectés dans l'image, on va les stocker dans une table, pour faciliter leurs manipulations. Pour cela, on déclare une table ayant pour dimension le nombre d'objets multiplié par le nombre de paramètres calculés. Cette table peut avoir la structure donnée pat la figure III.6.

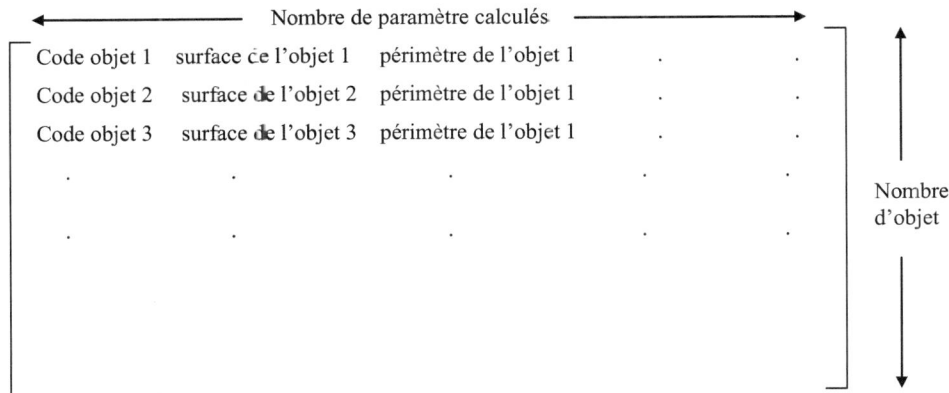

Fig.III.6. Table des paramètres d'objets

III.3. Classification

Après la segmentation et la caractérisation, vient l'étape de classification. Comme nous l'avons déjà expliqué dans le chapitre II, on distingue deux modes de classification : classification supervisée (par apprentissage) et non-supervisée (par règles). La considération de l'un ou l'autre de ces modes requiert d'abord, la normalisation des valeurs des paramètres qui seront à l'entrée du processus de classification.

- **Normalisation des paramètres avant classification**

Pour éviter la prédominance d'un paramètre par rapport à un autre dans le modèle décisionnel, il est nécessaire de ramener les valeurs de tous les paramètres calculés, dans la même plage de variation (entre 0 et 1). Pou cela, on divise toutes les valeurs d'un paramètre par la valeur maximale de ce même paramètre. Cette normalisation implique que toutes les nouvelles valeurs obtenues seront comprises entre 0 et 1.

III.3.1. Classification par apprentissage

Avec ce mode de classification supervisée, des objets échantillons (d'apprentissage) sont sélectionnés pour chacune des classes dont le nombre et la nature thématique sont connus a priori. Ensuite, on compare chaque objet à classifier (paramètres de l'objet) avec les objets échantillons (paramètres de l'échantillon) de toutes les classes (voir figure III.7). L'objet sera alors affecté à la classe qui lui est la plus proche, suivant la règle de décision adoptée.

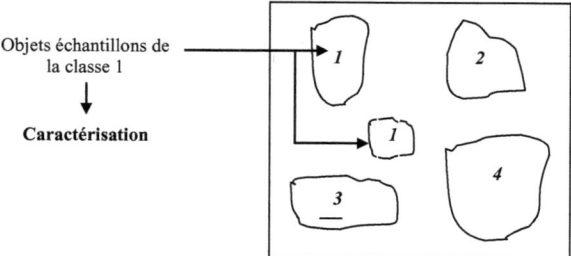

Fig.III.7. Base des objets d'apprentissage

Nous avons considéré deux règles de décision : le minimum de distance euclidienne (MDE) et le maximum de vraisemblance (MVS).

III.3.1.1. Règle basée sur le minimum de distance euclidienne (MDE)

Avec cette règle, l'affectation d'un objet à une classe est effectuée sur la base de la distance minimale entre les valeurs des paramètres de cet objet et les valeurs des paramètres des échantillons représentant toutes les classes considérées.

- **Algorithme de classification par le minimum de distance**

```
// Normalisation des paramètres
Pour i allant de 1 jusqu'à Nombre maximum de paramètres
Pour j allant de 1 jusqu'à Nombre maximum d'objets
Table normalisée ( i , j ) = Table ( i , j ) / Max [table ( * , j )]
Fin pour
Fin pour
// calcul des distances
Pour k allant de 1 jusqu'à Nombre maximum d'objets
Pour i allant de 1 jusqu'à Nombre maximum de classes
S = 0
   Pour j allant de 1 jusqu'à Nombre maximum de paramètres
   S = S + [ table normalisée ( i , j ) – table normalisée ( k , j ) ]²
   Fin de pour
Distance ( k , i ) = √S
fin de pour
fin de pour
```

III.3.1.2. Règle basée sur le maximum de vraisemblance (MVS)

Avec cette règle, l'affectation d'un objet à une classe est effectuée sur la base de la similarité (vraisemblance) maximale entre les valeurs des paramètres de cet objet et les valeurs des paramètres des échantillons représentant toutes les classes considérées.

- **Algorithme de Classification par le maximum de vraisemblance**

```
// Choix des codes des objets échantillons
// Ou z est l'image des échantillons des classes
Pour i allant de 0 à NBlig faire
Pour j allant de 0 à NBcol faire
Si  image des objets ( i , j ) = code objet classe 1    alors z ( i , j ) = 1
Si  image des objets ( i , j ) = code objet classe 2    alors z ( i , j ) = 2
Si  image des objets ( i , j ) = code objet classe 3    alors z ( i , j ) = 3
Si  image des objets ( i , j ) = code objet classe 4    alors z ( i , j ) = 4
Sinon z( i , j ) = 0
Finsi
// Calcul de la matrice variance covariances
Pour k allant de 1 à Nclasses faire    // Nclasse : nombre de classe
Pour b allant de 1 à Nbandes faire     // Nbandes : nombre de bandes
Pour m allant de 1 à Nbandes faire
 S=0
   Pour i allant de 0 à NBlig faire
   Pour j allant de 0 à NBcol faire
     Si  z ( i , j ) = k  alors
     S = S + [ Imageentrée ( i , j , b ) – moyenne ( b , k-1 ) ] * [Imageentrée ( i , j , m ) – moyenne ( m , k-1 )]
     Finsi
   Fin de pour
   Fin de pour
COV ( b , m , k-1 ) = S     // formation de la matrice variance covariance
Fin de pour
Fin de pour
Fin de pour
    Pour l allant de 1 au  max de [image des objets] faire      // l représente le code de l'objet
    Pour i allant de 1 à Nclasses
```
$$g(l,i) = [\, -\tfrac{1}{2}(x-\mu_{C\,i})^T \;\; [COV(*,*,i)]^{-1} \;\; (x-\mu_{C\,i})\,] - \tfrac{1}{2}\ln[\,|\,COV(*,*,i)\,|\,]$$
```
   Fin de pour
   Fin de pour
   Pour l allant de 1 au  max de [image des objets] faire      // l représente le code de l'objet
     g1( l , h ) = Max ( g ( l , * ) )    // création du vecteur g1 pour récupérer le code de la
                                          // classe 'h' qui a la valeur maximale de  g
    Pour i allant de 0 à NBlig faire
    Pour j allant de 0 à NBcol faire
      Si  image des objets ( i , j ) = l   alors    image classifiée ( i , j ) = h
    Fin de pour
    Fin de pour
Fin de pour
```

III.3.2. Classification par règles

Avec ce mode de classification non supervisée, on génère des règles ou des conditions sur les propriétés des objets appartenant à une classe donnée. Donc, pour qu'un objet appartienne à une classe, il doit respecter les conditions sur les attributs caractérisant cette classe.

Dans notre travail, nous avons implémenté une classification en se basant sur la superficie de l'objet. Ainsi, quatre classes ont été définies, c'est-à-dire, quatre intervalles d'appartenances caractérisant les objets, des plus grands au plus petits. Les valeurs des seuils définis sur la surface des objets sont des valeurs en pixels, dans le cas d'une image géo référenciée, on peut alors utiliser des valeurs de seuils réels (en mètre carré).

- **Algorithme de classification basée sur la surface des objets**

```
Seuil1=     ; Seuil2=     ; Seuil3=     ; Seuil4=       //définition des seuils par l'opérateur
Pour k allant de 1 au   max de [image des objets] faire    // k représente le code de l'objet
    Si Surface (k) < seuil1 alors    code classe = code classe1   ET    Aller à  ETIQUETTE
    Si seuil1 < Surface (k) < seuil2 alors   code classe = code classe2   ET   Aller à  ETIQUETTE
    Si seuil2 < Surface (k) < seuil3 alors   code classe = code classe3   ET   Aller à  ETIQUETTE
    Si Surface (k) > seuil4 alors    code classe = code classe4   ET   Aller à  ETIQUETTE

        ETIQUETTE : Pour i allant de 0 à NBlig faire
                    Pour j allant de 0 à NBcol faire
                        Si  image des objets ( i , j ) = k   alors    image classifiée (i , j) = code classe
                        Finsi
                    Fin de pour
                    Fin de pour
    Finsi
    Finsi
    Finsi
    Finsi
Fin de pour.
```

Conclusion

Dans ce chapitre, nous avons présenté le processus de la classification orientée objets que nous avons mis en œuvre. Nous avons détaillé tous les algorithmes que nous avons implémentés aux différents niveaux de ce processus. L'ensemble des résultats obtenus, leur évaluation ainsi que leur interprétation fera l'objet du prochain chapitre de ce mémoire.

Chapitre IV

Résultats et évaluation

Introduction

Le processus de la COO que nous avons développé et implémenté a été mis au point sous ENVIronnement Windows avec le langage de programmation IDL version 6.2. Cet algorithme a été testé en utilisant deux images satellitaires. Dans un premier temps, l'algorithme a été appliqué sur les canaux spectraux bruts des deux images, et dans un deuxième temps, il a été appliqué sur les néo-canaux générés par une analyse en composantes principales (ACP). Le recours à cette transformation est justifié par le fait que les néo-canaux générés sont décorrélés et que l'information pertinente est concentrée dans les premiers néo-canaux.

L'ensemble des résultats obtenus sont évalués sur le plan qualitatif et quantitatif. Ils sont aussi comparés à une méthode de référence : la classification contextuelle basée sur les champs aléatoires de Markov (MRF).

IV.1. Présentation des données utilisées

Nous avons utilisé deux images satellitaires couvrant le milieu urbain et péri urbain de la ville d'Alger. La première image est multispectrale acquise en juin 2001 par le capteur ETM+ du satellite Landsat-7. Elle comporte six bandes spectrales (visible, infrarouge et proche infrarouge) avec une résolution spatiale relativement basse (30 m) et une taille de 256x256 pixels. La composition colorée de cette image est illustrée par la figure IV.1.a. Quant à la deuxième image, elle est panchromatique acquise en novembre 2010 par le satellite IKONOS. C'est une image panchromatique avec une très haute résolution spatiale (1m) et une taille 400x400. Cette image est illustrée par la figure IV.1.b.

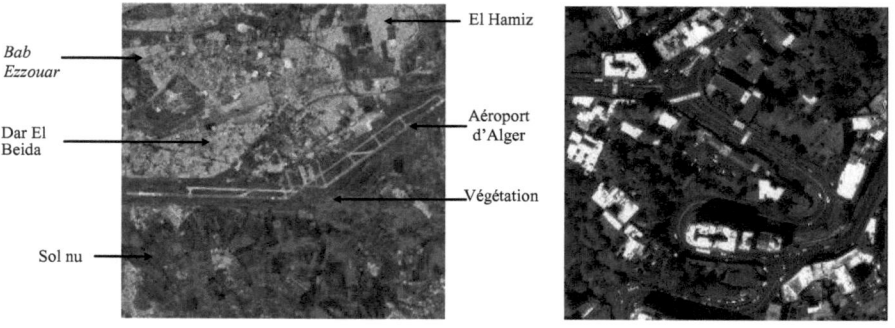

a). Composition colorée de l'image ETM+   *b). Bande panchromatique de l'image IKONOS*

Fig.IV.1. Données de test

A partir d'une connaissance a priori des zones couvrant ces deux images, on peut dire que quatre classes thématiques dominent le terrain : urbain dense (**UD**), sol nu (**SN**), urbain moins dense (**UMD**) et végétation (**V**). L'évaluation des résultats obtenus s'effectue par une appréciation visuelle qualitative suivie d'une évaluation quantitative basée sur l'estimation d'une matrice de confusion par rapport à des bases de contrôle (figure IV.2.a et figure IV.2.b). A partir de ces matrices, on calcule de taux moyen de bonne classification OA (Overall Accuracy) ou le paramètre statistique KHAT.

a). Base de contrôle de l'image ETM+   *b). Base de contrôle de l'image IKONOS*

Fig. IV.2. Données de contrôle

IV.2. Présentation des résultats
IV.2.1. Résultats de l'étape segmentation

Les six bandes spectrales de l'image ETM+ sont segmentées successivement l'une après l'autre. A la fin six images segmentées sont obtenues. Par contre, pour l'image panchromatique d'IKONOS, une seule image segmentée est obtenue.

a). Segmentation par la méthode Partage Fusion (PF)

- **Le Partage (exemple sur la bande 1 de l'image ETM+)**

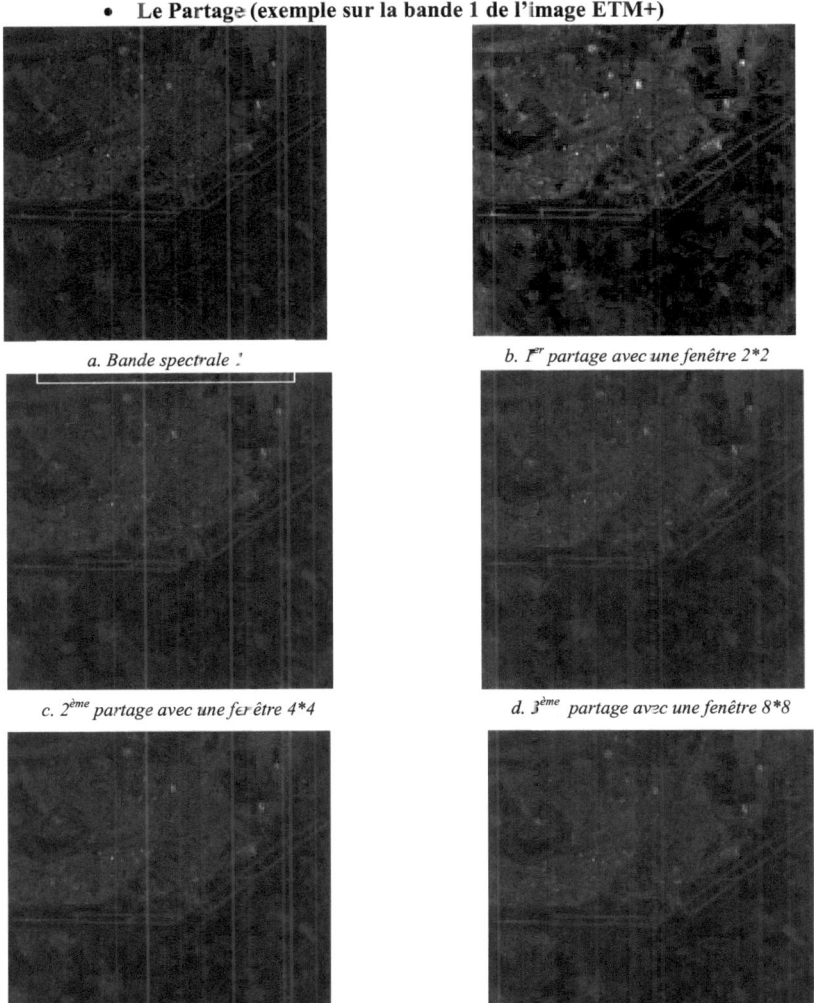

a. Bande spectrale 1

b. 1er partage avec une fenêtre 2*2

c. 2ème partage avec une fenêtre 4*4

d. 3ème partage avec une fenêtre 8*8

e. 4ème partage avec une fenêtre 16*16

f. 5ème partage avec une fenêtre 32*32

Fig. IV.3. Résultats de Partage de régions de la bande 1 l'image ETM

Après la comparaison entre les deux images, celle segmentée avec la fenêtre de 16 X 16 et celle segmentée avec une fenêtre de 32 X 32, on a trouvé que les deux images étaient identiques, donc le processus s'arrête à la dimension 16 X 16.

- **La Fusion**

La procédure de partage réalisée aboutit à un nombre de régions trop élevé. Il se peut qu'un objet homogène soit coupé en plusieurs carrés (parties). La solution à ce problème est de procéder à une fusion de régions après le découpage. Dans un premier temps, on a utilisé une fenêtre de 4*4 pour réaliser la fusion, c'est-à-dire, on fait balayer la fenêtre dans l'image, s'il y a deux carrés (régions) adjacents et leurs valeurs radiométriques sont proches, on les fusionne.

Le résultat obtenu est représenté par la figure IV.4 ci contre.

Fig.IV.4. Fusion de régions en utilisant une fenêtre de 4X4

Comme nous le constatons, l'utilisation de la fenêtre (4X4) fait apparaitre un effet de blocs dans l'image segmentée ce qui n'est pas conforme à la réalité. Pour remédier à ce phénomène, nous avons utilisé un balayage par pixel (et non par fenêtre) pour effectuer la fusion des régions, le résultat est nettement meilleur et l'effet de blocs n'apparait plus.

Les résultats finaux de la segmentation par la méthode partage fusion des six bandes spectrales de l'image ETM+ et de l'image Ikons sont donnés respectivement par les figures IV.5.a et IV.5.b.

Fig.IV.5.a. Résultat de la segmentation par le PF de l'image ETM+

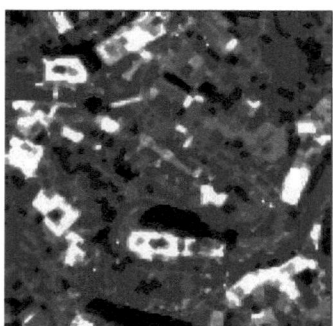

Fig.IV.5.b. Résultat de la segmentation par le PF de l'image IKONOS

b). Segmentation par Accroissement de Régions (AR)

Dans cette méthode, nous avons effectué une segmentation avec des valeurs de seuils différentes, afin de déterminé le seuil adéquat.

Les résultats finaux de la segmentation par la méthode accroissement de régions des six bandes spectrales de l'image ETM+ et de l'image IKONOS sont donnés respectivement par les figures IV.6.a et IV.6.b.

Fig.IV.6.a) Résultat de la segmentation par AR de l'image ETM+   *Fig.IV.6.b) Résultat de la segmentation par AR de l'image IKONOS*

c). Résultats de la segmentation multibande

La segmentation multibande est effectuée uniquement pour les six bandes segmentées de l'image multispectrale ETM+, car l'image panchromatique contient une seule bande.

- **Résultats par la moyenne (MOY) des images segmentées**

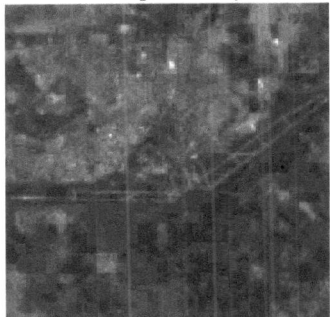 

Fig. IV.7.a) Résultat de segmentation par PF en utilisant la moyenne (PF/MOY)   *Fig. IV.7.b) Résultat de segmentation par AR en utilisant la moyenne (AR/MOY)*

- **Résultats par les opérateurs logiques (OPE) sur les images segmentées**

Avec cette méthode, on ne peut pas représenter une seule image segmentée (en valeur radiométrique réelles), car l'image résultante est une image étiquetée, ou chaque étiquette représente les valeurs radiométriques moyennes de l'objet dans chaque bande. En les traçant on obtient une signature spectrale pour chaque objet, comme le montre la figure suivante.

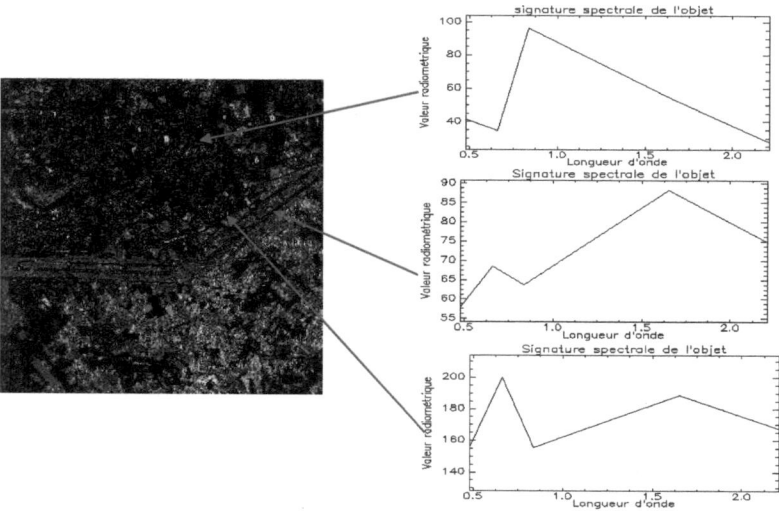

Fig. IV.8. Résultat de segmentation utilisant les opérateurs logiques

d). Codification des objets de l'image segmentée multibande

Pour la distinction des objets issus de l'étape de segmentation, nous effectuons une codification des objets, pour que chaque objet soit identifié par un code unique. Les résultats finaux de cette étape effectuée sur les objets de l'image ETM+ et les objets de l'image IKONOS sont donnés respectivement par les figures IV.9.a et IV.9.b

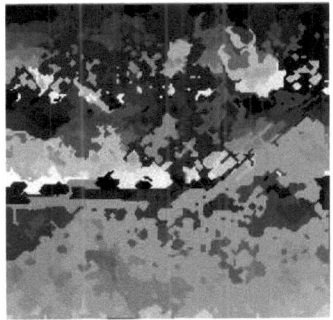 

Fig. IV.9.a) Résultat de la codification des objets de l'image ETM+   *Fig. IV.9.b) Résultat de la codification des objets de l'image IKONOS*

Fig. IV.9. Résultat de la codification des objets

IV.2.2. Résultats de l'étape caractérisation

Etant donné que le nombre d'objets détectés est très important dans les deux images (ETM+ et IKONOS), alors nous présentons dans les tables IV.10 et IV.11 respectivement, les valeurs des différents paramètres calculés, pour un seul objet de l'image IKONOS et de l'image ETM+. Ainsi, un objet est caractérisé par une table de paramètres. Cette table définit la signature de l'objet. Une fois, tous les paramètres calculés, reste à déterminer quels sont les meilleurs paramètres à considérer durant la phase de classification.

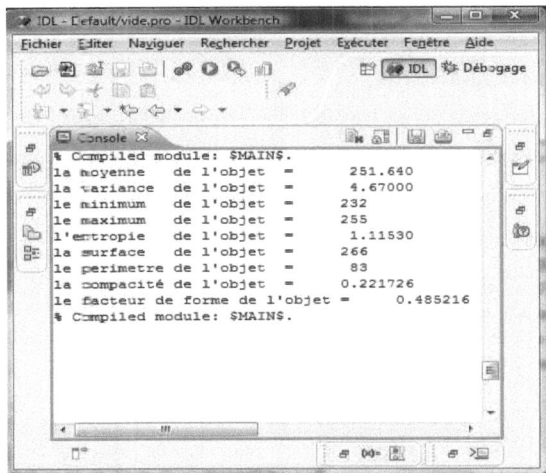

Fig.IV.10. Exemple sur le calcul des paramètres d'un objet de l'image IKONOS

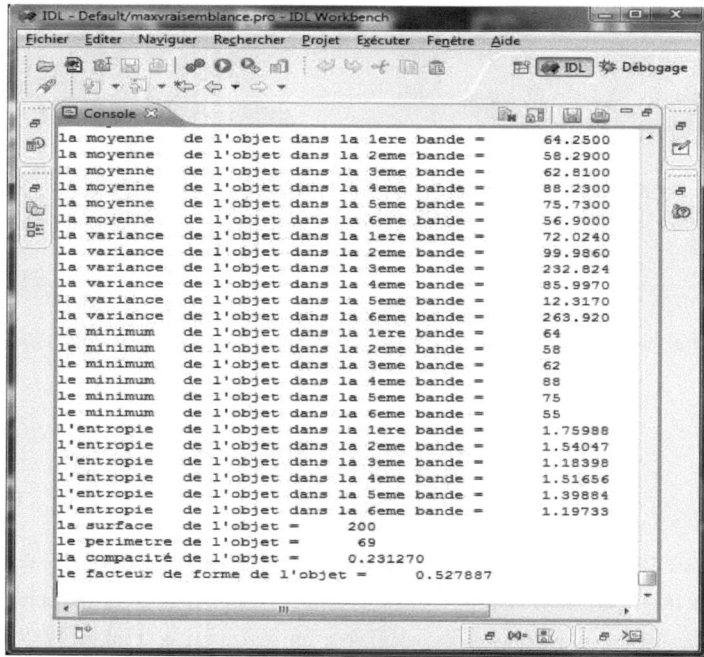

Fig.IV.11. Exemple sur le calcul des paramètres d'un objet de l'image ETM+

IV.2.3. Résultats de la phase de classification

a) Classification par apprentissage

- **Sélection des paramètres**

Au départ, nous avons utilisé tous les paramètres calculés, pour l'étape de classification. Les images classifiées obtenues (voir figure IV.12) ne correspondaient pas à la réalité de terrain, cela est dû à l'influence de certains paramètres, les paramètres de formes en particulier, sur les règles de décision. Un paramètre, tel que la surface ou le périmètre d'objet, ne reflète en aucun cas l'aspect thématique de la classe, ce qui explique la mauvaise affectation des objets aux différentes classes.

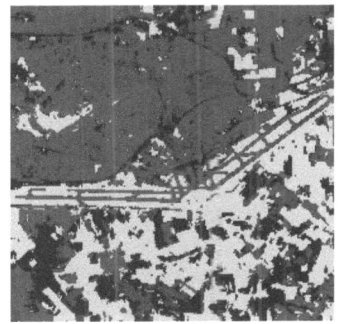 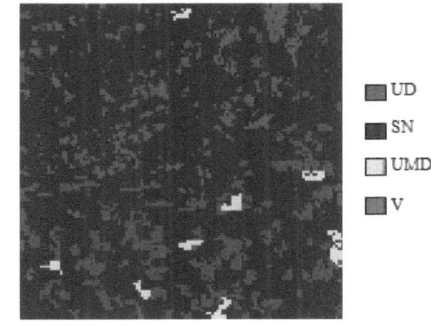

a) Résultat de la COO par MDE avec AR/OPE en utilisant tous les paramètres

b) Résultat de la COO par MDE avec PF/OPE en utilisant tous les paramètres

Fig. IV.12. Résultat de la COO en utilisant tous les paramètres

A partir de ces résultats, nous avons procédé par élimination pour la sélection des paramètres les plus discriminants. En réalité, cette sélection dépend essentiellement de l'application Envisagée, par exemple dans une classification basée sur la taille des objets, les paramètres radiométriques ne seront pas pris en compte dans le modèle décisionnel.

Les résultats de la COO en utilisant les canaux spectraux sont donnés par les figures suivantes (pour les deux images ETM+ et IKONOS). L'ensemble de ces résultats sont comparés au résultat de la classification contextuelle MRF (figure IV.17.a), et juste à titre d'information, nous donnons le résultat de la classification pixellique par le MVS à la figure IV.17.b.

 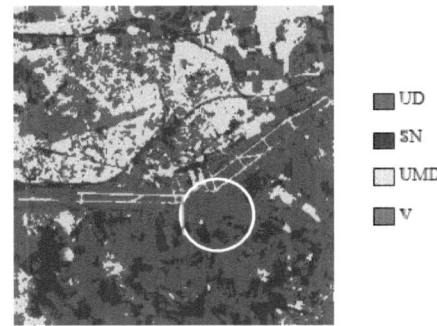

a) Résultat de la COO par MDE avec AR/OPE

b) Résultat de la COO par MDE avec AR/MOY

Fig. IV.13. Résultats de la COO de l'image ETM+ en utilisant la segmentation AR et le MDE

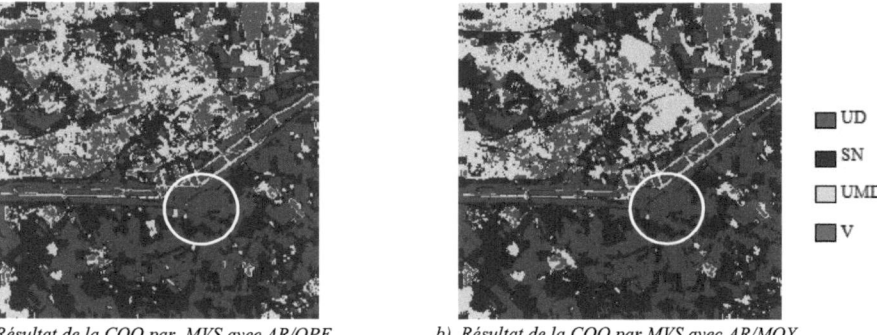

a) Résultat de la COO par MVS avec AR/OPE   b) Résultat de la COO par MVS avec AR/MOY

Fig. IV.14. Résultats de la COO de l'image ETM+ en utilisant la segmentation AR et le MVS

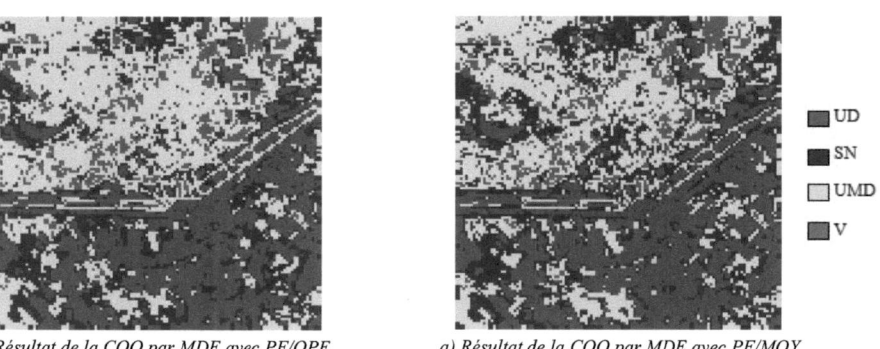

a) Résultat de la COO par MDE avec PF/OPE   a) Résultat de la COO par MDE avec PF/MOY

Fig. IV.15. Résultats de la COO de l'image ETM+ en utilisant la segmentation PF et le MDE

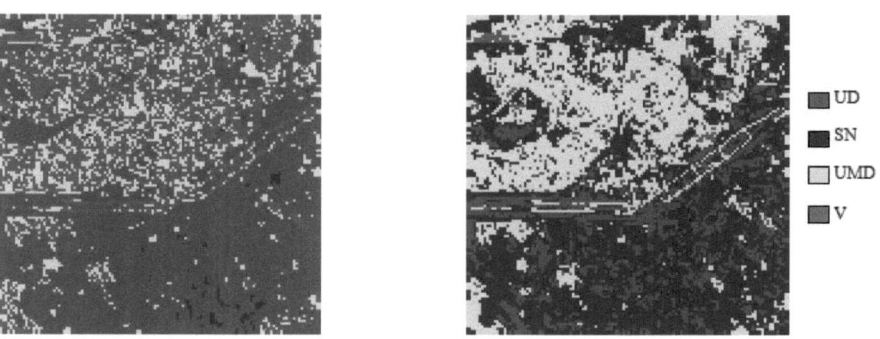

a) Résultat de la COO par MVS avec PF/OPE   b) Résultat de la COO par MVS avec PF/MOY

Fig. IV.16. Résultats de la COO de l'image ETM+ en utilisant la segmentation PF et le MVS

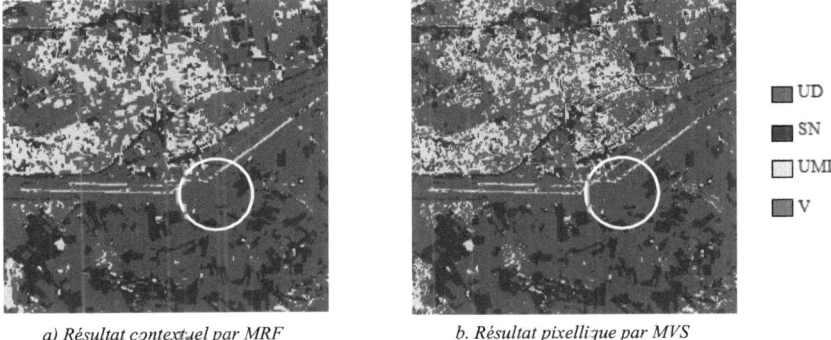

a) Résultat contextuel par MRF   b. Résultat pixellique par MVS

Fig. IV.17 Résultats de la classification classique par MVS et MRF

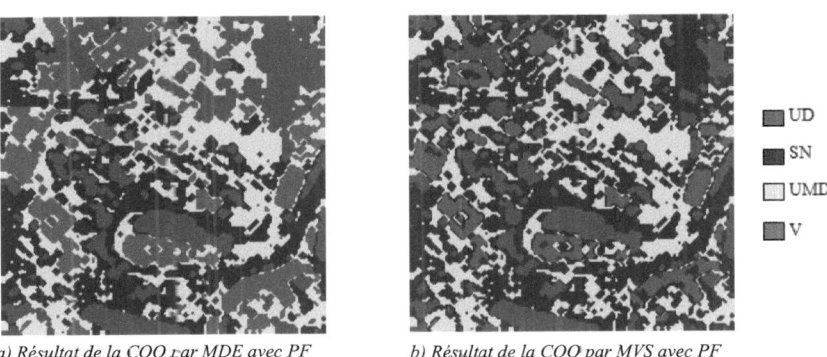

a) Résultat de la COO par MDE avec PF   b) Résultat de la COO par MVS avec PF

Fig. IV.18. Résultats de la COO de l'image IKONOS en utilisant la segmentation PF et le MDE

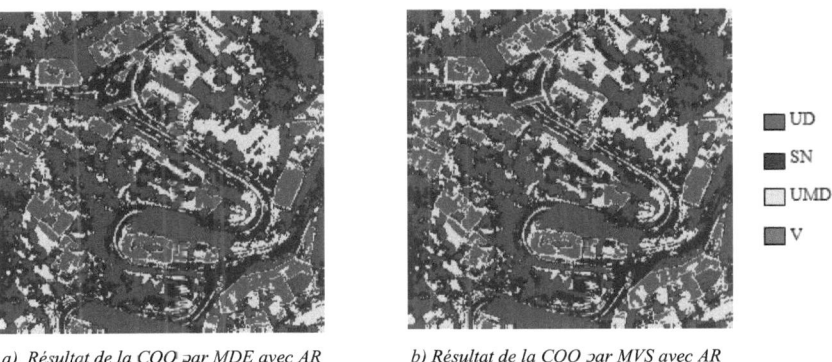

a) Résultat de la COO par MDE avec AR   b) Résultat de la COO par MVS avec AR

Fig. IV.19. Résultats de la COO de l'image IKONOS en utilisant la segmentation AR et le MDE

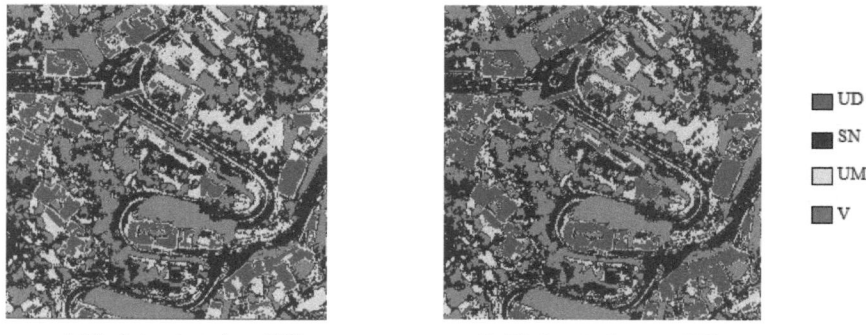

a). Résultat contextuel par MRF   b). Résultat pixellique par MVS

Fig. IV.20. Résultat de la classification classique par MVS et MRF de l'image IKONOS

A partir de ces résultats, nous constatons sur le plan visuel une discrimination des thèmes du site d'étude. En effet, les espaces verts sont homogènes et bien répartis (dans l'ensemble des images classifiées par la méthode orientée objet), les structures linéaires (les pistes de l'aéroport et le réseau routier) sont bien discernées (voir les zones encerclées) dans les images segmentées par AR et en utilisant les opérateurs logiques en particulier, par rapport aux autres images (notamment celles segmentées par le PF). Pour les zones urbaines, on remarque une certaine hétérogénéité dans la plupart des images classifiées, cela est dû à la grande variabilité de ces zones. Il est à noter aussi que la règle de minimum de distance (MDE) aboutit à de meilleurs résultats que ceux de la règle de maximum de vraisemblance (MVS).

- **Application de la classification orientée objet sur les néo-canaux ACP**

Afin de mieux séparer les objets et diminuer la confusion, nous avons appliqué la COO que nous avons implémentée sur les pseudos canaux générés par l'analyse en composantes principales (ACP) de l'image ETM+ (ACP du logiciel ENVI). L'ACP est appliquée afin de décorréler les différents canaux d'une part, et d'augmenter le contraste sol-végétation d'autre part, et cela dans le but de faciliter l'étape de segmentation. En effet, l'ACP réduit le rapport signal/bruit de l'image et crée une image sur laquelle chaque bande est peu corrélée aux autres et contient des informations uniques [Jensen, 1996; Calo, 2001]. L'expérience montre que les trois premières composantes principales expliquaient l'essentiel de la variance des bandes informatives.

Les résultats de la COO en utilisant les néo-canaux ACP de l'image ETM+ sont donnés par les figures suivantes :

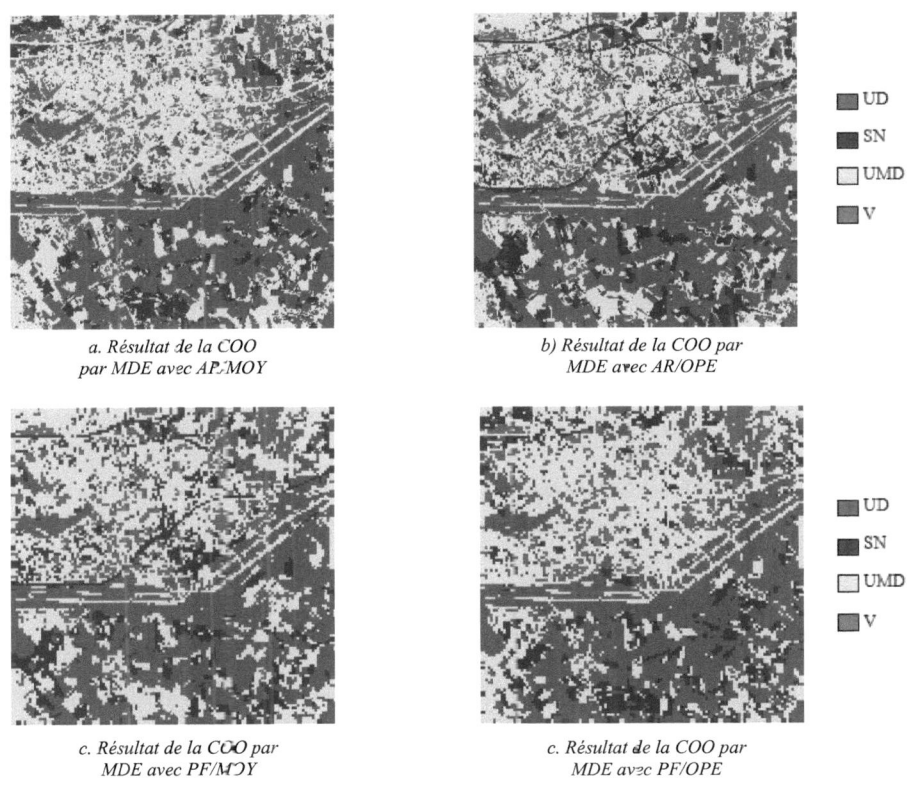

a. Résultat de la COO par MDE avec AP/MOY

b) Résultat de la COO par MDE avec AR/OPE

c. Résultat de la COO par MDE avec PF/MOY

c. Résultat de la COO par MDE avec PF/OPE

Fig. IV.21. Résultats de la COO en utilisant les néo-canaux ACP de l'image ETM+

On constate que ces résultats présentent un grand nombre de fausses détections, notamment entre les deux classes « sol nu » et « urbain moins dense ». Car la transformation ACP est une technique de redistribution de l'histogramme, et elle entraîne forcement une perte d'information.

Evaluation qualitative des résultats

Sur le plan visuel (de l'ensemble des résultats obtenus), il apparaît immédiatement que :

- ✓ L'aspect contextuel est bien mis en évidence par la COO.
- ✓ La segmentation par la méthode accroissement de régions (AR) donne de meilleurs résultats que la segmentation par la méthode partage et fusion (PF) pour les deux images de test.
- ✓ La combinaison par les opérateurs logiques donne de meilleurs résultats par rapport à l'opérateur « moyenne » et aussi par rapport au résultat probabiliste par MRF et MVS.
- ✓ L'ACP n'apporte aucune amélioration. L'utilisation de l'ensemble des bandes spectrales est primordiale.
- ✓ La résolution spatiale est d'un apport considérable. En effet, la préservation des structures linéaires, notamment le réseau routier, est meilleure sur l'image IKONOS que sur l'image ETM+.
- ✓ La COO par apprentissage en utilisant le minimum de distance Euclidienne (MDE) semble donner des résultats satisfaisants.

- **Evaluation quantitative des résultats**

Sur le plan quantitatif, le calcul du paramètre Khat à partir de la matrice de confusion établie entre chaque résultat (de l'image ETM+ et de l'image IKONOS) et les bases de contrôle données respectivement par les figures IV.2.a et IV.2.b, a donné les valeurs reportées dans le tableau IV.1 et le tableau IV.2.

Méthodes de classification	Paramètre Khat (%) Image IKONOS
Contextuelle par MRF	20.50
Pixellique par MVS	16.47
COO par MDE avec AR	59.20
COO par MVS avec AR	54.96
COO par MDE avec PF	56.54
COO par MVS avec PF	46.04

Tab IV.1. Evaluation quantitative des résultats de l'image Ikons

Chapitre IV   *Résultats et évaluation*

On remarque que les taux de bonne classification de l'image IKCNOS sont relativement faibles, pour l'ensemble des méthodes de classification, cela est dû à la présence de l'ombre dans l'image, ce qui a introduit une confusion par rapport aux classes thématiques.

Méthodes de classification	Paramètre Khat (%) Image ETM+	
Contextuelle par MRF	78.33	
Pixellique par MVS	70.78	
COO	Bandes spectrales	Néo-canaux de l'ACP
COO par MDE avec AR/OPE	**84.28**	75.13
COO par MDE avec AR/MOY	65.05	67.34
COO par MDE avec PF/OPE	79.61	73.21
COO par MDE avec PF/MOY	80.68	71.18

Tab IV.2. Evaluation quantitative des résultats de l'image ETM+

Comme illustré par les tableaux ci-dessus, l'évaluation qualitative est confirmée. En effet, le résultat de la COO en utilisant la méthode de segmentation d'accroissement de région (AR) avec les operateurs logiques (OPE) donne le taux le plus élevé. Aussi, la COO en utilisant les néo-canaux générés par l'ACP donne des taux de bonne de classification inférieurs au taux donné par la classification probabiliste. Car l'ACP n'est pas vraiment adaptée à la classification orientée objet, d'ailleurs le premier canal ACP est caractérisé par les structures surfacique, contrairement aux autres canaux, qui sont caractérisés par les structures linéaires. Dans le tableau ci-dessous, nous avons calculé les taux d'occupation des classes du meilleur résultat (COO par MDE avec AR/OPE), en objet, en pixels et en pourcentages.

Chapitre IV   *Résultats et évaluation*

Classes	COO par MDE avec AR/OPE		
	Nbre d'objets	Nbre de pixels	Taux d'occupation (%)
UD	846	6756	10.33
SN	1147	21531	32.85
UMD	1188	19929	30.41
V	668	17320	26.43

Tab. IV.3. Taux d'occupation des classes

b) Classification par règles

Le résultat de classification orientée objet basée sur la surface de l'objet est donné par la figure suivante :

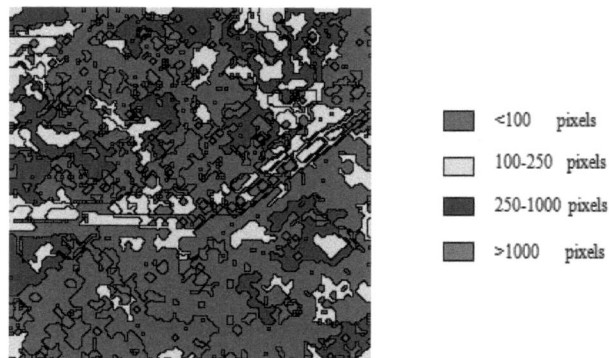

Fig. IV.21. Résultat de la COO par règles avec PF/MOY

Cette classification a été appliquée sur une image segmentée par partage fusion en utilisant la moyenne. Quatre classes sont définies :

    Classe 1 : la surface de l'objet est inférieure à 100 pixels ;

    Classe 2 : la surface est comprise entre 100 et 250 pixels ;

    Classe 3 : la surface est comprise entre 250 et 1000 pixels ;

    Classe 4 : la surface de l'objet est supérieure à 1000 pixels.

Dans cette classification, les paramètres radiométriques n'ont pas été pris en compte. Comme nous le constatons, le résultat final dépend essentiellement du résultat de la segmentation.

La classification par règle peut être exploitée par le monde des SIG (analyse multicritères) et peut avoir des applications très intéressantes. Par exemple, elle peut localiser et observer une région particulière de l'image, suivant les règles de classification définies.

Conclusion

Dans ce chapitre, nous avons présenté, interprété et évalué l'ensemble des résultats obtenus par le processus de la COO que nous avons implémenté. L'évaluation qualitative et quantitative que nous avons effectuée nous permet de confirmer les avantages de la COO par rapport aux méthodes de classification classique, qu'elles soient pixelliques (MVS, par exemple) ou contextuelles (par MRF, par exemple).

Conclusion et perspectives

Le thème de notre mémoire de Magistère est l'étude et la mise en œuvre de la classification orientée objets (COO) des images satellitaires multispectrales. L'objectif visé est la cartographie thématique de l'occupation du sol qui constitue une composante intégrale dans le processus de gestion des ressources terrestres.

Nous avons commencé par mener une recherche bibliographique approfondie sur le nouveau concept de « l'orienté objets » ainsi que la méthode de classification d'images qui en découle. Tous les travaux que nous avons consultés s'entendent à décomposer le processus de la COO en trois grandes étapes : 1) segmentation, 2) extraction des primitives, 3) classification. Mais malheureusement, ces travaux ne donnent aucun détail concernant la méthode utilisée durant chacune de ces trois étapes, car ils appliquent, pour la plus part, le logiciel d'analyse d'images eCognition de Definiens GmbH (eCognition User Guide 2004) qui propose la COO dans son menu principal. Ainsi, nous nous sommes concentrés sur la compréhension du processus de la COO afin de dégager l'algorithme classifieur à implémenter. Nous avons considéré deux méthodes de segmentation (partage fusion et accroissement de région) suivies d'une étape de codification des objets obtenus. Par la suite, plusieurs paramètres descripteurs ont été calculés : paramètres spectraux, paramètres spatiaux, paramètres texturaux, etc. Enfin, et après avoir adopté la classification par apprentissage, deux règle de décision ont été appliquées : le minimum de distance Euclidienne et le maximum de vraisemblance. Nous avons également testé la classification par règle en se basant sur le critère de la surface.

Le processus d'évaluation qualitatif et quantitatif que nous avons mené avec différents outils et méthodes (matrice de confusion, signatures spectrales), et aussi une comparaison avec une méthode de classification contextuelle classique, nous a permis d'estimer les résultats obtenus concluants et encourageants, mais qui peuvent être améliorés notamment durant la phase de segmentation.

Comme perspectives à ce premier travail traitant de l'approche orientée objets, nous proposons en premier lieu, l'implémentation de méthodes de segmentation multibande, telles que la méthode ligne de partage des eaux (water shed) et la méthode shift-mean. Aussi, nous

ENVIsageons d'implémenter durant l'étape de classification, la méthode basée sur le raisonnement flou. Il est également intéressant d'approfondir l'utilisation du mode non supervisé de l'approche (classification par règle) et d'évaluer ses résultats de manière plus rigoureuse. Finalement, nous ENVIsageons de tester la COO sur les images multispectrales à très haute résolution et aussi sur les images radar à synthèse d'ouverture (RSO).

REFERENCES BIBLIOGRAPHIQUES

[Akif, 2009] Akif, M., Biswajeet, P., Thamer, A.(2009). Improvement of land-use classification using object-oriented and fuzzy logic approach. Società Italiana di Fotogrammetria e Topografia (SIFET) 2009.

[Ague, 2006] Aguejdad, R., Hubert-Moy, L. & Clergeau, P. (2006). Object oriented image analysis for mapping urban expansion in western France. P. 2317-2321 in Proceedings of the International Geoscience and Remote Sensing Symposium, Denver, 31 juillet –4 août 2006, 4208 p.

[Al kh, 2006] Al Khalifeh,S .(2006). Application de la méthode «orientée-objets» à une orthophotographie aérienne Exemple de la ville d'Avignon. Géopoint 2006 : Demain la Géographie - Groupe Dupont - UMR ESPACE 6012 du CNRS.

[Baat, 1999] Martin BAATZ und Arno SCHÄPE, 1999, Multiresolution Segmentation: an optimization approach for high quality multi-scale image segmentation.

[Bail, 2003] Baillie, J.C. (2003).Segmentation. ES322 - Traitement d'Image et Vision Artifcielle. ENSTA. (2003)

[Belh, 1998] Belhadj-Aissa, A., (1998). Contribution au Logiciel d'Analyse et de Traitement d'Images Satellitaires (L.A.T.I.S). Analyse Spatiale-Spectrale d'Images Satellitaires Appliquées à la Cartographie Thématique. *Thèse de Doctorat d'état en Electronique, spécialité Traitement d'Images et Télédétection, USTHB, 268 p.*

[Berm, 1986] Bernsen, J. Dynamic Thresholding of Grey-Level Images", Proc. of the 8th Int. Conf. on Pattern Recognition. 1986

[Beuc, 1979] Beucher, S . Lantuéjoul, C. Use of watersheds in contour detection. In International workshop on image processing, real-time edge and motion detection (1979).

[Blas, 2001] Blaschke,T, Lang,S, Lorup, E.Strobl, & Zeil.P. 2001 : Object-oriented image processing in an integrated GIS/remote sensing environment and pespectives for environmental applications. In: Cremers, A. & Greve, K. (Eds.):Environmental Information for planning, politics and the public, Metropolis, Marburg.

[Boua, 2005] Bouakache, A., (2005). Fusion des images satellitaires par la théorie d'évidence et la théorie du raisonnement plausible et paradoxal. Thèse de Magister en Traitement du signal et de l'image, USTHB, Alger, 95 p.

[Bous, 2005] Boussaid.O, Gançarski.A, Puissant.A (2005). Fouille de données multi-stratégie pour extraire et qualifier la végétation à partir d'une masse de données images. Paristic, 21 au 23 Novembre 2005. Bordeaux.

[Corb, 2004] Corbane, C., Baghdadi, N., Hosford, S. (2004)., "*Application of an object oriented approach for land use mapping: Results obtained on ASTER and Landsat ETM images,*" *Revue Française de Photogrammétrie et de Télédétection(175), 13-26, (2004).*

[Corn, 2003] **Cornuéjols, A, et Miclet, L., 2003**. Apprentissage artificiel, Concepts et algorithmes. *Edition Eyrolles, Paris 2003.+dvf*

[Cuma, 1991] Cumani A., Grattoni P., and Giuducci A. An edge-based description of color images. Computer. Vision Graphics and Image Processing, 53 :313–323, **1991**.

[DEFI, 2001] DEFINIENS AG–Rindermarkt,. (2001) . ECOGNITION (2001) - Object based image analysis. User Guide v 2.1, 7–80331 München–Germany.

[Desc, 2006] Desclée, B., Bogaert, P. & Defourny, P.(2006). Forest change detection by statistical object-based method". Remote Sensing of Environment, vol. 102, p. 1-11.

[Duda, 1973] Duda, R. O., & Hart, P. E. (1973). Pattern classification and scene analysis. John Wiley & Sons.

[GONG, 2008] **GONG, J., SUI, H., SUN, K., MA, G., & J.LIU (2008)**. Object-level change detection based on full-scale image segmentation and its application to Wenchuan Earthquake. Springer 2008.

[Harr, 1985] Harralick, R., Shapiro, L.(1985). Image Segmentation Techniques, Comp. Vis. Graph. Image Process., Vol 29, 1985, pp100-132.

[HOAN, 2007] HOANG, K., BERNIER, M., & VILLENEUVE, J.-P. (2007). Les changements de l'occupation du sol et ses impacts sur les eaux de surface du bassin versant de la rivière Câu (Viêt-nam). Actes des JSIRAUF, Hanoi, 6-9 novembre 2007.

[Horo, 1977] Horowitz, S., Pavlidis, T. Picture segmentation by a directed split and merge procedure. In CMetImAly77, 1977.

[Iova, 2004] Iovan, C., Didier,B., Cord, M . & Erikson., M. (2004). Automatic Extraction and Classification of Vegetation Areas from High Resolution Images in Urban Areas

[ITT, 2007] ITT Visual Information Solutions All Rights Reserved. Envi user guide. Copyright. no.20EZ471DGC.

[Jacq, 2005] Jacquin.A., Lucie MISAKOVA, Michel GAY (2005). Très haute résolution spatiale et approche orientée objet pour la cartographie des zones d'interface urbain/agricole. Laboratoire de Télédétection et de Gestion des Territoires, Ecole Supérieure d'Agriculture dePurpan,Toulouse (2005).

[Kars, 2007] Karsenty, A., Alzir Felippe, B., & Jorge Silva, C. (2007). Classification orientée objet de la perméabilité des sols en zone urbaine à l'aide d'imagerie très haute résolution et de données laser scanner à Curitiba (Brésil). Anais XIII Simpósio Brasileiro de Sensoriamento Remoto, Florianópolis, Brasil, 21-26 Abril 2007, INPE, p. 565-572

[Khed, 2008] Kheddam, R., (2008). Contribution au développement de méthodologies de fusion/classification d'images satellitaires multisources. *Thèse de Doctorat en Electronique, option « Traitement d'Images & Télédétection », FEI/USTHB, 200 p.*

[LOBO, 1996] LOBO, A., CHIC, O. and CASTERAD, A., 1996, Classification of Mediterranean crops with multisensor data: per-pixel versus per-object statistics and image segmentation. International Journal of Remote Sensing, 17, pp. 2385–2400.

[McDe, 2003] McDermid, G., Pape, A., Chubey, M & Franklin, S. (2003). Object oriented analysis for change detection. 4 p. in Proceedings 25th Canadian Symposium on Remote Sensing, Montréal, 14-16 octobre 2003.

[Navu, 2007] Navulur, K. (2007). Multispectral image analysis using the object-oriented paradigm. CRC Press. Taylor & Francis group. 2007.

[Nibl, 1986] Niblack, W., 1986. An introduction to image analysis. Prentice Hall International, Ltd, UK, 215 p.

[Noti, 2010] Notions fondamentales de télédétection. Le centre canadien de télédétection.2010.

[Novo, 2007] Novosel, H., Salamunićcar, G., & Lončarić, S. Crater detection algorithms based on pixel-difference, separated-pixeldifference, roberts, prewitt, sobel and frei-chen gradient edge detectors. Polytechnic of Zagreb, Vrbik 8A, HR-10000 Zagreb, Croatia 2007.

[Pal, 1993] Pal, N. R. and Pal, S. K. (1993). A review on image segmentation techniques. Pattern Recognition, vol. 26, n° 9, p. 1277-1294.

[PUIS, 2003] PUISSANT A. (2003). Information géographique et images à très haute résolution : utilité et applications au milieu urbain. Strasbourg : université Louis Pasteur, Strasbourg.

[PUIS, 2006] Puissant, A., Sheeren, D., & Weber, C. (2006). Amélioration des connaissances sur l'environnement urbain : intérêt de l'intégration de règles dans les procédures de classification.intéraction nature-société, analyse et modèles. UMR 6554 LETG. La baule 2006.

[PUIS, 2004] Puissant, A., Weber, C. (2004). Démarche orientée "objets-attributs" et classification d'images THRS. Revue Française de Photogrammétrie et de Télédétection, n° 173/174, p.123-134.

[Shat, 2008] Shattri, M., Wong, T., & Abdul, R.(2008). Object oriented classification for land cover mapping. Derived from GISdevelopment.net in 29 march 2008.

[Thom, 2005] **Thomas, A., Lacombe, J., & Ouin, A.(2005).** Application de l'approche orientée objet à l'extraction de fragments forestiers à partir de scènes Spot. DESS SIGMA 2005

[Timo, 2006] **Timothy, A., James, B., & Landenberger, R. (2006).** Segmentation and classification of high resolution imagery for mapping individual species in a closed canopy, deciduous forest. Department of Geology and Geography, West Virginia University, Morgantown WV 26506-6300, USA

[Vapn, 1995] **Vapnik, V., 1995.** The nature of statistical learning theory. *Springer-Verlag, New-York, USA, 1995.*

[Wang, 2004] Wang, L., Gong, P. Biging. Individual Tree-Crown Delineation and Treetop detection in High-spatial-Resolution Aerial Imagery. Photogrammetric Engineering and Remote Sensing, March 2004.

[Webe, 2007] Weber, J., Lefèvre, S., & Sheeren, D. (2007). Détection des bâtiments dans les images THRS avec la morphologie mathématique. Laboratoire des Sciences de l'Image, de l'Informatique et de la Télédétection. Strasbourg, France.

[Wong, 2003] Wong, T., . Mansor, M. R. Mispan, N. Ahmad, W. N. A. Sulaiman (2003). Feature extraction based on object oriented analysis. In: Proceedings of ATC 2003 Conference, 20-21 May 2003, Malaysia.

[Zerr, 2010] **Zerrouki, N., Kheddam, R. Belhadj-Aissa, A. (2010).** Cartographie thématique des sols par la classification orientée objets des images à très haute résolution. XIIème Journées Scientifiques du Réseau Télédétection de L'A.U.F, Monastir, du 23 au 25 novembre 2010.

[Zerr, 2011] **Zerrouki, N., Kheddam, R. Belhadj-Aissa, A. (2011).** Cartographie thématique des sols par la classification orientée objets des images à très haute résolution. Journées Scientifiques du Laboratoire de Traitement d'Images et Rayonnements. FEI. USTHB 2011.

Oui, je veux morebooks!

i want morebooks!

Buy your books fast and straightforward online - at one of world's fastest growing online book stores! Environmentally sound due to Print-on-Demand technologies.

Buy your books online at
www.get-morebooks.com

Achetez vos livres en ligne, vite et bien, sur l'une des librairies en ligne les plus performantes au monde!
En protégeant nos ressources et notre environnement grâce à l'impression à la demande.

La librairie en ligne pour acheter plus vite
www.morebooks.fr

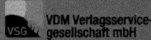

VDM Verlagsservicegesellschaft mbH
Heinrich-Böcking-Str. 6-8   Telefon: +49 681 3720 174   info@vdm-vsg.de
D - 66121 Saarbrücken   Telefax: +49 681 3720 1749 www.vdm-vsg.de

Printed by Books on Demand GmbH, Norderstedt / Germany